再早，也……给孩子做早餐

4~12岁孩子的花样健康早餐

萨巴蒂娜 / 编 著

青岛出版社
QINGDAO PUBLISHING HOUSE

图书在版编目（CIP）数据

再早，也要给孩子做早餐 / 萨巴蒂娜编著 . —青岛：青岛出版社 , 2021.2

ISBN 978-7-5552-9665-2

Ⅰ . ①再… Ⅱ . ①萨… Ⅲ . ①儿童—保健—菜谱 Ⅳ . ① TS972.162

中国版本图书馆 CIP 数据核字 (2020) 第 216656 号

书　　名	再早，也要给孩子做早餐 ZAIZAO，YEYAO GEI HAIZI ZUOZAOCAN
编　　著	萨巴蒂娜
副 主 编	高瑞珊
摄　　影	郭士源
出版发行	青岛出版社
社　　址	青岛市海尔路182号（266061）
本社网址	http://www.qdpub.com
邮购电话	0532-68068091
策 划 编 辑	周鸿媛
责 任 编 辑	肖　雷　徐　巍
特 约 编 辑	綦　琪　陈淑喜
封面设计	文俊 ｜ 1024设计工作室（北京）
设计制作	杨晓雯　叶德永
制　　版	青岛乐道视觉创意设计有限公司
印　　刷	青岛海蓝印刷有限责任公司
出版日期	2021年2月第1版　2021年2月第1次印刷
开　　本	16开（710毫米×1010毫米）
印　　张	15.5
字　　数	270千字
图　　数	1063幅
书　　号	ISBN 978-7-5552-9665-2
定　　价	49.80元

编校印装质量、盗版监督服务电话　4006532017　0532-68068638
建议陈列类别：生活类　美食类

宝贝，早餐好了

生了孩子之后，每一天都跟打仗一样。而早晨时分，则是战场的最前线。

做早餐这场仗不好打，得提前买菜，甚至更多时候，还得提前一天备料。当天必须要早起，因为孩子上幼儿园或者学校的时间是固定的。

父母要亲自下厨，只有在家里亲自做，才能保证食材健康、过程卫生。

早餐要勤换花样，让孩子保持新鲜感，甚至让孩子在临睡前，都畅想第二天爸爸妈妈会给自己一份什么小惊喜。

早餐要口感一流，让孩子吃得香甜。因为我们生在民以食为天的中国，要让孩子从小就尝到丰富多采的美食。要让孩子自己用小餐具把早餐全都吃光。

早餐要营养充足。孩子每天都在成长，手中的食物化成孩子稚嫩的身体，而且4～12岁，是孩子心智逐渐成熟的阶段，每天要去幼儿园或者学校学习知识、了解世界，食物也是孩子智慧成长的基础。

希望孩子每天吃早餐的时候都开开心心的，吃完能由衷地感谢一下做饭的爸爸或者妈妈。那无论付出多少辛苦，都是值得的。

更享受的，是抚摸到孩子光洁的皮肤、顺滑的头发，看到孩子明亮的眼睛、红嫩的小嘴巴。这鲜活的小生命给为人父母的我们带来了多少希望和对未来的美好憧憬啊。

所以这本书，是献给辛苦的爸爸妈妈们的。希望您把孩子养得好好的，带领孩子领略世界的艰辛、美好、波折，享受胜利时刻吧。

感谢唯唯小朋友来到我们生活中，这本书送给你，也送给所有和你一样可爱的孩子们！希望你们越来越健康、聪明，心中有爸爸妈妈对你们的爱和期待，去迎接每一天的朝阳。

高欣茹

萨巴蒂娜
个人公众订阅号

萨巴小传：本名高欣茹。萨巴蒂娜是当时出道写美食书时用的笔名。曾主编过近百本畅销美食图书，出版过小说《厨子的故事》，美食散文集《美味关系》。现任"萨巴厨房"和"薇薇小厨"主编。

 敬请关注萨巴新浪微博 www.weibo.com/sabadina

目录 CONTENTS

PART3 活力四射的儿童异域早餐 ★★

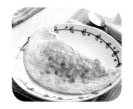

122/ 二米粥

124/ 红豆薏米粥

126/ 南瓜枸杞大米粥

128/ 莲子百合绿豆粥

130/ 腊八粥

132/ 红枣黑米粥

134/ 红薯大米粥

136/ 绿豆玉米糙粥

138/ 山药红薯粥

140/ 山药薏米芡实粥

142/ 白萝卜丝皮蛋瘦肉粥

144/ 核桃燕麦粥

146/ 水果甜粥

148/ 美龄粥

150/ 香菇扇骨青菜粥

152/ 鱼片粥

154/ 奶酪南瓜浓汤

156/ 菌菇鸡汤

158/ 西红柿疙瘩汤

160/ 牛肉什锦蔬菜汤

PART5　多汁多彩的营养果蔬汁 ★★

PART6 儿童四季营养配餐 ☆☆

PART 1 儿童早餐知识知多少

　　一日之计在于晨。毫无疑问，早餐是一日三餐中非常重要的一餐。经过一晚睡眠，孩子消耗了大量的营养和水分，同时要为白天较大的活动量做准备，身体需要储备较多的能量。如果孩子早餐摄入的营养不足，这些营养很难在午餐与晚餐中得到弥补。所以，孩子起床后，在吃早餐时如果能够及时补充营养和水分，他一整天的精气神都会很好。因此，与成年人的"早餐吃好""午餐吃饱""晚餐吃少"的原则一致，应该在早餐时给孩子提供足够的碳水化合物、充足的水和丰富多样的食材。早餐的形式以中式或西式主食为主，配以蔬果汤汁，保证孩子的营养均衡。一顿营养全面的早餐，会给孩子一整天的学习生活带来充足的能量。所以，再早，也要给孩子做早餐。为孩子制作营养均衡的早餐，是每一位家长在育儿路上的必修课。

我们谈论的"早餐"到底是什么？

孩子每天食物配比：50%主食，30%蔬菜，10%的水果，10%肉类。最好包含一个鸡蛋，少许豆类，少许菇类，一手心坚果和适量奶制品。

　　早餐是一天所需能量的源泉之一。儿童正处于生长发育的旺盛时期，在条件许可的情况下，早餐应该含有足够多的能量，其结构要合理。健康的早餐有食材多样性的特点，米、面、肉类、牛奶、鸡蛋、蔬菜、水果，都能够为身体提供大量的优质蛋白质、钙、脂溶性维生素等孩子成长所需的营养。

　　现代营养学家认为，想要营养均衡，孩子每天的饮食应包含八类食材，分别是谷物、肉类、蔬菜、奶类、蛋类、水果、豆类、坚果。所以，充足的谷物，每天一个鸡蛋，一杯牛奶或者适量奶制品，适量豆类、蔬菜，少量油脂，少量坚果碎等，就能够满足儿童一天所需。特别需要注意的是，早餐应尽量做到低糖、少盐、少油和营养全面。

　　而传统育儿观念更注重养生，认为孩子年龄小、脾胃功能弱，应该适量多吃谷物和蔬菜，喝和人体温差不多（约40℃）的温开水，少吃生冷瓜果和不易消化、有刺激性的食物，少吃甜食，尤其在生病期间更需要对肉、蛋、奶、糖忌口。保持五脏六腑适宜的温度，保证肠道畅通，避免积食，最大程度地提高孩子身体的舒适感，能让孩子神采奕奕、活力满满。

　　结合以上育儿经验，我们把儿童每天所需食材的比例，从笼统的50%的谷物、50%的其他食材，分成更为细致的50%的谷物、30%的蔬菜、10%的水果、10%的肉类。事实上，这个比例在很多中国家庭的早餐实践中得到验证，它可以给孩子提供一天所需的营养，还可以防止孩子积食。

　　除此之外，考虑到4～12岁儿童身体和性格上的特性，早餐除了要满足营养和健康的需求，适口性、多样化、渐进性同样重要。好的早餐将帮助孩子更好地获取营养，使得他的消化、咀嚼功能等得到应有的锻炼，同时培养他养成良好的生活习惯，为未来做好准备。

关于烹饪方式：去繁就简，少即是多

早晨影响着家人一天的工作、学习和生活。"清早时光"总是显得格外短暂。制作快速又有营养的早餐，是每个聪明家长的必备技能。

为孩子制作早餐，应该减少长时间高温烹饪和加工步骤烦琐的菜式，避免爆炒和煎炸的操作，不做烧烤、烟熏、腌制的食物，多用蒸、煮的健康烹饪方式。这样不仅能够让食用者减少脂肪堆积，促进消化，同时可有效避免食材营养成分流失，并且大大缩短早餐制作时间。

 ## 关于食材处理：食不厌精，脍不厌细

为 4 ~ 7 岁的孩子准备早餐时，尽量将食材处理成孩子适口的大小，同时成品质地也要较成年人的食物口感略软一点。一些容易因为误食而让人窒息的食材，家长也要注意避免使用。

7 ~ 12 岁孩子的肠胃已经发育得较为成熟，但还是和成人的有区别。因此食材的质地、大小均可与成年人一致，但是也尽量减少使用黏性较大和不容易消化的食材制作早餐。

早晨的时间很短暂，家长应该尽量避免让孩子在吃早餐过程中自己处理食物，尽可能给孩子提供处理好的食物，把时间留给孩子"吃"早餐，同时避免过度催促。一些比较烫的食物，也尽量快速降温到不太烫口后再给孩子，避免烫伤。

 ## 关于分量：量腹而食，取予有节

孩子的胃在进食前和孩子自己的拳头差不多大，可以进食的量不会太大。早上七点到九点也是孩子的胃最活跃的时候，这时候吃早餐最容易消化、吸收。同时，考虑到吃完早餐去上学，吃得太饱会引起身体的不适，大脑思维不活跃，所以早餐要吃得比较精细而有节制，让主食、蔬菜、汤粥、鱼虾、肉类配比均衡。

午餐因为下午还有活动，可以吃得稍多一点。晚餐因为接近睡眠时间，吃太多不仅不能消化、吸收，还会加重孩子的肠胃负担，增加身体的疲劳感，所以以清淡、易消化的食物为主，吃到"刚刚饱"为宜。

关于调味料：满而不溢，少即是多

在烹饪的过程中，要遵循低油、低盐和低糖的原则，不放味精，少添料酒，以及少放酱油（酱油中含有味精成分）；不要使用含有添加剂成分的调料，如嫩肉粉，和有反式脂肪酸的沙拉酱等；还要注意不使用辣椒，少使用偏刺激口感的酱料作为调料。

孩子较成年人的体重要轻很多，在调料的用量上也要同步下调。制作全家都吃的菜式时，最好先给孩子的菜调味后盛出，然后再按家长的口味调味。不要让孩子摄入成年人分量的油、盐和糖等调料，以免增加他们身体的负担。

 ## 关于食材采购：天然之道，活在当下

很多反季节食材的出现，解决了食物短缺的问题。但因为缺少自然界阳光、雨露的滋养，反季节食材无法完成自身营养和味道的积累的过程，会有一些缺陷。所以，我们相信应季的食材才是最好的，这意味着它是自然成熟的。"什么熟了吃什么"，应季食材可以满足安全和美味的需求。中国时令知识认为，当季成熟的蔬果和人体对营养及食材秉性的需求相互呼应。盛夏喝绿豆汤清热解暑，秋冬吃熟梨降燥去火……让孩子多吃些按季节生长的食物，可滋养脾胃，少生病，让身体茁壮成长。

 ## 关于食物的多样性：博采众长，营养全面

合理的膳食结构应当包含多种品类的天然食物。植物所含的营养的信息，大都可以从其颜色上反映出来。每一种色彩的天然食物，大体拥有相似的功能，比如白色的食物清润，黑色的食物补肾……孩子每天尽量吃多种颜色的蔬果、谷物，能够摄入更加全面的营养。条件允许的情况下，应该食用3种以上颜色的蔬果、谷物，以保证营养均衡。

 ## 关于健康的可替代食材：拣精剔肥，上下求索

很多研究表明，孩子在小时候减少糖的摄入，养成好的饮食习惯，可以有效降低成年后发生肥胖和糖尿病的概率。对于爱吃甜食的孩子，在制作早餐时，可以适当使用有利于脾胃健康的麦芽糖来代替普通砂糖。少摄入含糖量高的水果，以防引发龋齿和肥胖等问题。在早餐种类的选择上，既可选烧饼、油条又可选馒头夹蛋；可用红薯粥取代薯条；来杯自制的能改善体质的营养水胜过喝市售饮料。这些做法让孩子减轻了身体的负担，更富有朝气地迎接每一天的学习和生活。

早餐的节奏：
快与慢及制作工具

无论是对全职妈妈还是对职场妈妈来说，早晨都会是一段非常忙碌的时光。早餐如何吃？吃什么？如何快速让孩子吃到高质量的早餐？其实只要做足功课，早餐也可以做得很省心，提升一天的幸福感。

做时刻准备着的超人妈妈

很多中式早餐,如包子、馒头、面条、饺子、馅饼、馄饨等面食都可以放入冰箱冷冻。利用闲暇的时间做好这些面食,放入冷冻室,可以存储较长时间而食物的营养不会流失。早上拿出来加工,基本能够在 10 分钟内完成。配上一杯五谷豆浆,就是一顿营养丰富的早餐。

而肉类的食材也可以买回来后先处理好,按照需要切丝、切片,按照每次使用的量分份保存好;做好的肉酱、熬好的高汤也可以分份冷冻,使用时拿出来解冻,加入到早餐的制作中,能大大提升早餐的质量。需要注意的是,放入冰箱冷冻的食物拿出来解冻后,不要二次冷冻,否则不仅会损失水分,还会在食物里产生冰碴,影响味道和品质,让细菌滋生。这也是我们一再强调分份冷冻保存的原因。

在冷冻食材时,需要注意以下几点:

● 儿童的味觉灵敏。冷冻的食材建议按周采购、当周用完。

● 使用具有密封功能的盒子或者袋子包装,防止串味。

● 熟的食材,需要放凉后再密封保存,防止在冰冻过程中产生冰碴。

● 食物在冷冻过程中容易粘连,按照所需分小份存储,可以避免二次冷冻。

● 可以提前一晚将需要解冻的食材从冷冻室移入冷藏室,或者使用前用微波炉的解冻功能进行快速解冻。

 ## 找一个好帮手来辅助

工欲善其事,必先利其器。自动化的工具是厨房里的利器,更是妈妈们的好助手。把食材准备就绪,剩下的发挥空间留给机器,让自己有更多的时间,打理自己、孩子,从容开始新的一天。

有预约功能的电饭煲是做早餐的好帮手,用它来给孩子煮粥、煲汤再适合不过了。慢炖好的食材软而不化,营养被慢慢炖出来。可以晚上把材料放入锅内,预约 9 小时,到第二天早上就可以吃到香喷喷的粥啦,养胃又健脾。

磨煮一体的豆浆机,可以解决早餐时豆浆、米糊的制作问题。合理安排一天的早餐,将忙碌的时光变成一种享受,让你有更充沛的能量迎接新一天的挑战。

儿童早餐
Q&A（问与答）

Q: 吃早餐的最佳时间是几点?

A: 七点到九点。早上七点到九点是孩子的胃最活跃的时候。这时孩子食欲最旺盛,吃早餐也最容易消化、吸收。同时,早餐与中餐以间隔4~5小时为好。如果吃早餐的时间较早或者较晚,孩子食欲不佳或者因为饥饿而多吃,将影响一天的精神与活力。

Q: 儿童早餐吃多少水果、蔬菜为宜?

A: 健康的饮食理念提倡多吃水果、蔬菜。但有些水果含糖量较高,孩子喜欢也应该适当控制,要尽量选择低糖的水果。一般来说,孩子全天吃的蔬菜量应控制在300～400g之间,水果量为200g左右。家长可以根据实际情况在正餐或加餐时自行搭配。

需要注意的是,不宜在孩子空腹时给其食用水果。冬季时,应先将水果温热后再给孩子食用。当然,如果早餐已经很丰盛了,适量的水果可以放到学校课间加餐时食用。给孩子携带的加餐水果,尽量选择完整、容易去皮或者可以不去皮直接食用的,如小橘子、葡萄、香蕉。避免切开后水果氧化导致营养流失。

蔬菜最好生食,遵循现吃、现洗、现切,少加调味料,多颜色搭配的原则;秋冬季节用水焯温后食用,避免刺激孩子肠胃。

Q: 如何避免食用过敏食材?

A: 菠萝、鸡蛋白、牛奶、牛肉、羊肉、虾、蟹、鳕鱼、鲑鱼、贝类、腰果、花生、黄豆、坚果等等都是容易引起孩子过敏的食材。虽然 4 ~ 12 岁儿童的消化系统发育已日渐成熟,但在第一次给他食用某种易过敏食物时,依然要从少量开始尝试。待孩子没有过敏症状出现后,再加入日常膳食中。

当然,也不要因为有些食材有可能会引发过敏,家长就拒绝进行最初的尝试。提早知道孩子的饮食习惯,也是对孩子的一种保护。同时,随着孩子消化系统不断地发育完善,通过少量多次的尝试,也可以提高孩子对某些食材的免疫力。

对于有家族遗传过敏史的孩子,则要特别留意。建议家长带孩子去医院进行专业过敏原检查,明确食材过敏的级别,做到心中有数。

Q: 儿童挑食、偏食、如何改善?

A: 4 ~ 12 岁孩子的肠胃较为脆弱,有的孩子不爱吃饭,有可能是胃口不好或积食引发的,调理孩子脾胃就非常重要了。可以让孩子多运动促进消化,多食用健脾暖胃的食物(我们后面菜谱里详细介绍),忌零食和油腻、辛辣及过甜的食物,学习小儿推拿里的"捏脊"和"补脾经"手法,适量给孩子推拿。

此外,孩子不爱吃饭,也可能只是对某些饭不感兴趣。除了在味道上下功夫,还需要在造型上动动脑筋。事实证明,可爱的造型非常受孩子们的欢迎。比起一个圆圆的普通奶黄包,小兔子造型的奶黄包更容易让孩子提起对早餐的兴趣。利用造型工具进行适当造型,会为孩子们的早餐增添一份乐趣,让孩子爱上吃早餐。

Q: 天气热，孩子爱喝冷饮怎么办？

A: 儿童喝的水的温度最好是接近体温（约40℃）。水温过低会刺激儿童敏感的肠胃，而水温过高会影响口腔健康。喝接近人体温度的水，对孩子体内微循环的正常运转有重要作用。体内氧气、营养及废物等的运送顺畅，营养才能更快、更全面地被吸收。同时喝温水还有利于促进肠道的蠕动，防止便秘，提高免疫力，让孩子拥有一天的好精神。

天气热的时候，脾胃功能弱的孩子要尽量少喝冷饮。家长可以自己煮一些营养水代替冷饮，放温、放凉后给孩子日常饮用，如百合水、绿豆汤、马蹄梨水等，从内而外降燥去火，减少因为燥热引起的不适，降低喝冷饮的欲望。

一般来说，我们提倡直接给孩子吃水果，但如果孩子只愿喝果汁，可选择用原汁机将水果榨汁，能在一定程度上减少在制作过程中的营养流失。

Q: 如何防范和初步治疗儿童意外窒息？

A: 儿童意外窒息非常常见，4～12岁孩子从吃辅食过渡到吃成人食物，在适应过程中，牙齿的咀嚼能力、吞咽能力及肠胃的消化吸收能力也同样处于成长阶段，且儿童气管细小，即便是很小的颗粒被误吞入或吸入，都极可能阻塞气道，导致窒息，引发生命危险。

所以，要尽量避免让孩子直接食用诸如玉米粒、豆类、坚果及带核的红枣等容易堵塞呼吸道的食物，可以变换食材的形状后再给孩子食用，如碾压成泥状，或打成粉末。根茎类食材成人食用时切段即可，而给孩子食用时需要切成小片；骨头汤和用骨头熬的粥，都应该去除杂质后再给孩子食用；做鱼的时候应选择无刺、少刺的品种。同时，孩子吃饭应该由大人陪同，吃饭时候不要说话逗笑、催促。家长及照顾孩子的其他人员一定要学习掌握海姆立克急救方法。

如有异物堵塞在呼吸道的意外情况发生，孩子通常表现出呼吸困难、脸色变紫、不能咳嗽等症状，出现这种情况后首先不要慌张，通过海姆立克急救法施救，化险为夷。

适用于1岁以上的儿童或成人的海姆立克急救法：

1. 站在病人背后，一手握拳，放置于病人肚脐和胸骨间，另一手握住拳头；
2. 瞬间快速压迫病人的腹部，用肺部剩余的空气将异物冲出；
3. 反复几次直至异物排出。

对更小的孩子的急救法：

1. 施救者坐在椅子上，将患儿面部向下，身体置于自己的前臂，同时用手托住孩子的头部和颈部，使头部的高度略低于胸部；
2. 用另一只手的手掌根部用力拍击孩子背部两肩胛骨之间5次；
3. 如果重复上述动作5次后症状没有缓解，则将孩子翻正，角度不变，用食指及中指按压胸骨下半段，直至异物排出。需要注意的是，施救时不要压伤孩子的肋骨。

PART 2
能量满分的
儿童中式早餐

在中式早餐中，谷物类主食占主要地位，副食次之。中式早餐有干有稀，粗细搭配，可以为孩子提供充足的营养，是较好的能量来源。需要注意的是，中式早餐应该避免选用重油、重口味的食物，选取温和、养胃的食物，做到清淡而适口性强，让中式早餐为中国孩子的健康加油。

"团结"就有能量

四色饭团

20分钟 | **简单**

（不含浸泡时间）

功效：

补钙

主要营养素：

维生素、钙、蛋白质、碳水化合物

米饭在孩子的餐桌上扮演着重要的角色。妈妈们如何将一碗米饭玩出新花样，赢得孩子的注意力？饭团的造型是比较灵活的，内馅料的选择也非常多。妈妈们可以发挥创意创作出孩子们喜爱的饭团形象。

用料

热米饭.............200g

西蓝花.............50g

胡萝卜.............50g

鸡蛋.................60g

黑芝麻粉.............5g

香油.................2ml

食用油.............5ml

盐....................2g

海苔片.............10g

★ ★ 早餐小心思 ★ ★

用淡盐水浸泡，可以除去西蓝花上可能存在的小虫、灰尘还有农药残留。

想要制作形状更漂亮的饭团，可以购置专门的模具，如三角饭团模具。

海苔要选择用于制作包饭、寿司的纯天然的干海苔或烤海苔，尽量不使用经过调味的休闲零食类海苔。调味品过多容易增加孩子肠胃负担。

特色 | 做法

1. 西蓝花洗净掰成小朵后放入淡盐水（分量外）中浸泡30分钟，在流动的水下冲两遍后，在沸水中焯烫至断生，再切成碎末。

2. 胡萝卜去皮洗净，切成小碎丁，放入沸水中焯烫至断生。

3. 鸡蛋加少许盐打散成蛋液，倒入平底锅用油煎熟后切成细末。

4. 米饭趁温热拌入剩余盐和香油。

5. 再将米饭分成多份，分别拌入西蓝花碎、胡萝卜碎、鸡蛋碎和黑芝麻粉。

6. 分别将米饭团成大小均匀的球形饭团，用海苔片包裹装饰即可。

🍴 营养贴士

· 人体在消化吸收胡萝卜素时需要有油脂的参与。在给孩子吃含有胡萝卜素的食物时尽量保证这一餐的食物里含有油脂。

· 糯米饭团的黏性更强，但孩子难以消化，所以用普通优质东北大米即可。优质东北大米黏性通常比较大，如果家里大米黏性差，可以在蒸米饭时，添加少量糯米来增加黏性。

香菇南瓜炒饭盅

功效:
润肠通便

主要营养素:
膳食纤维、蛋白质、维生

⏰ 30分钟 | 🍭 中级

(不含浸泡时间)

特色 把迷你小南瓜做成南瓜盅,能使这道早餐的营养更丰富,可爱又别致的造型也极容易引起小朋友对早餐的兴趣。吃完米饭还能吃掉南瓜肉,能量满分。南瓜的加入让最家常的炒饭,也能有另一番滋味。

用料

黄金小南瓜........1 个
凉米饭............100g
牛肉..............50g
干香菇............4 朵
枸杞..............少许
虾皮..............5g
香葱..............2 根
蚝油..............5g
盐................2g
干淀粉............2g
食用油............10ml

做法

1. 提前一晚将香菇、枸杞清洗干净，分别放冰
   箱冷藏室用水浸泡过夜。

2. 第二天将黄金小南瓜洗净，并切开顶部，用
   勺子掏出内部种子备用。

 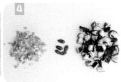

3. 牛肉切小丁，加入蚝油、干淀粉抓匀。

4. 浸泡后的香菇、枸杞分别捞出。香菇切小丁，
   并保留浸泡香菇的水。香葱切葱花。

5. 锅里倒入食用油，放入腌制好的牛肉，煸炒
   牛肉至变色。

6. 放入香菇丁、枸杞，继续煸炒，加入保留的
   浸泡香菇的水至没过食材，焖煮 5 分钟。

7. 倒入米饭继续翻炒，加入盐调味，加入虾皮、
   葱花翻炒均匀。

8. 炒好的牛肉饭装入南瓜里，放入蒸屉中，上
   锅蒸 15 分钟即可。

鸡与蛋一家亲

亲子烩饭

护眼

蛋白质、维生素、膳食纤维

25分钟 | 中级

从"烩饭"的字面意思就可以看出，这道主食用到的食材非常丰富，多种食材混合，味道也格外鲜美。

用料

鸡腿肉	80g
土豆	50g
胡萝卜	50g
西红柿	50g
鸡蛋	60g
米饭	100g
盐	少许
姜丝	10g
食用油	10ml

★ ★ 早餐小心思 ★ ★

焖米饭时加入的水不宜过多，以能让米饭变得软糯为宜。做好的烩饭比炒饭软，但比泡饭有嚼劲，对于年龄较小的孩子来说，有利于锻炼他的咀嚼能力。

如果孩子不爱吃姜，腌制完鸡肉后，去除或把姜制成姜蓉来使用都是不错的方式。

特色

做法

1. 鸡腿肉去骨，切成1厘米见方的小块，放入姜丝、少许盐搅拌均匀，腌制5分钟。

2. 胡萝卜去皮，洗净，切成小丁。土豆去皮，洗净，切小丁。西红柿洗净，去皮去蒂，切丁。鸡蛋放入碗中打散备用。

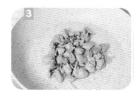

3. 锅中放入油，把腌制好的鸡腿肉倒入，翻炒至变色。

4. 放入胡萝卜丁、土豆丁、西红柿丁，小火翻炒，加入清水至微微没过食材，焖煮5分钟。

5. 在焖好的食材上放上米饭，翻炒均匀后沿锅底铺平。

6. 倒入蛋液，盖上锅盖，等待鸡蛋液凝固后即可。

营养贴士

鸡腿是鸡身上运动量最多的部分，肉质紧致，肥瘦均衡，口感最好。鸡肉属于高蛋白、低脂肪的肉类，其中的蛋白质较容易被消化和吸收。鸡肉的维生素A含量也较高，它对孩子的视力发育也大有益处。

黄金时刻来一份

黄金咖喱炒饭

功效：
润肠、通便

主要营养素：
钙、锌、膳食纤维

20分钟 | 简单

特色 大家对炒饭不会陌生，但加入一点点咖喱，就会让一份普通的炒饭充满浓浓的异域风情。咖喱用多种香料调配而成，不仅可以用来给肉、海鲜、蔬果等调味，而且和米饭也很"合拍"。

用料

米饭	200g
鸡蛋	1个
洋葱	50g
胡萝卜	50g
咖喱块	40g
食用油	10ml

★☆★ 早餐小心思 ★☆★

最好用隔夜饭做炒饭，米饭质地更硬一些，炒出来也会粒粒分明，让孩子更有食欲。

咖喱品种很多，选择不太辛辣的，更适合给孩子吃。市售的咖喱有的已经包含盐分，根据情况加盐调味。

咖喱味道厚重，不建议给孩子频繁食用，且咖喱热量较高，更适合冬天食用。

🍴 营养贴士

咖喱里的香辛料有促进唾液和胃液分泌的作用，能够促进肠胃蠕动，预防便秘，适当给孩子食用，可以增进孩子食欲。

做法

1. 洋葱和胡萝卜分别洗净，切成小丁。

2. 咖喱块切成碎末，鸡蛋打散备用。

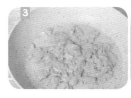

3. 锅中放入少许油烧至七成热，倒入鸡蛋液，炒熟拌碎后盛起。

4. 锅中放入剩余油，放入洋葱丁爆出香味。

5. 再放入胡萝卜丁炒至断生。

6. 再加入咖喱碎末炒到化开。

7. 紧接着倒入米饭，继续翻炒均匀。

8. 最后加入鸡蛋碎，翻炒均匀。香喷喷的黄金咖喱炒饭就做好了。

新疆手抓饭

50 分钟 | 高级

（不含浸泡时间）

功效：

补铁、补钙、补锌

主要营养素：

蛋白质、维生素 A、B 族维生素、胡萝卜素、钙、铁、锌

这款手抓饭不适合工作日制作，可以在闲暇时制作食用。提到新疆就不能不提手抓饭，顾名思义，该饭因用手抓着吃而得名。当然现在大家吃抓饭都已改用餐具，不再直接下手抓啦。在秋冬季节，一锅洋溢着羊肉香气的米饭，色香味俱全，很适合给孩子进补。

用料

羊排..................200g
大米..................100g
胡萝卜................50g
洋葱..................50g
西红柿................50g
葡萄干.................5g
盐....................适量
食用油............20ml
山楂片.............少许

❃❃ 早餐小心思 ❃❃

煮羊排的时候，水一开就要立刻撇去浮沫。放山楂可以有效地去除羊肉的膻味。

做焖饭建议用升温快、保温效果好的锅，如小砂锅、铸铁锅，焖煮效果更好。

如果没有提前浸泡大米，则可以使用电饭煲。放入淘洗后的大米，倒入初步烹煮好的羊肉，开启煮饭功能，也可以很快做好热乎乎、香喷喷的手抓饭。

做法

1. 大米和葡萄干提前一晚洗净，分别用清水浸泡，放入冰箱冷藏一晚。
2. 西红柿洗净，去皮，切块。洋葱洗净，切碎。胡萝卜去皮，洗净后切小块。

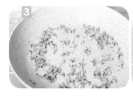 

3. 锅里放油，油热后放入洋葱爆香。
4. 把羊排加进去煸炒到表面变金黄色。

5. 加入切好的胡萝卜丁、西红柿丁，加适量盐并翻炒入味。
6. 加入清水至没过食材，放入山楂片，烧开后去除浮沫，再用大火煮开后转小火焖煮20分钟。

7. 再把提前浸泡的米滤去水，放到锅里铺平，盖上锅盖，继续小火焖煮20分钟。
8. 把用水浸泡后的葡萄干捞出，撒在米饭上面，关火闷5分钟，搅拌均匀盛出即可。

多吃菠菜力气足

菠菜手擀面

功效：
补充膳食纤维

主要营养素：
膳食纤维、蛋白质

10分钟 | 中级

（不含准备时间）

大力水手吃完菠菜后变身强壮的肌肉男击退敌人的场景，是很多人记忆中的经典画面。菠菜富含多种营养素，有"营养模范生"之称。对于成长中的孩子来说，多吃菠菜有益于身体发育。将菠菜汁融入到手擀面里，就是不可多得的营养早餐。

用料

菠菜.................500g
面粉.................250g
盐........................2g
西红柿.............200g
鸡蛋...................60g
食用油.............15ml

☆ ☆ ☆ 早餐小心思 ☆ ☆ ☆

煮面条的时候，煮开后放1～2次凉水，煮出的面条会更筋道。

一次可以多擀一些面条，加入较多的面粉抖开后，装入密封性好的保鲜袋或保鲜盒，放入冰箱冷冻，随吃随取。

面粉的吸水性能不同，加水量以面团能揉成较为光滑的硬面团为准。

营养贴士

菠菜叶中含有大量草酸，会阻碍人体对营养的吸收，用沸水焯一下可以去除大部分草酸。

特色

前一晚准备

1. 菠菜洗净，放入沸水中焯软后，放入料理机，加入80ml清水，高速搅打1分钟制成菠菜汁。

2. 面粉和1g盐混合，将适量菠菜汁倒入面粉，揉成面团盖上湿布静置15分钟。

3. 静置后的面团取出后再揉5分钟，用擀面杖擀成1mm厚的薄饼状，两面均匀抹上干面粉（分量外）。

4. 薄饼对折两次，用刀切成丝，抖散成面条。放入冰箱冷冻。

做法

1. 鸡蛋加适量盐打散。锅里放油烧热后倒入鸡蛋煎熟后盛起。

2. 锅中留少许底油，倒入洗净、去皮、切块的西红柿翻炒至出砂，加剩余盐，将鸡蛋倒回锅内，再炒出汁盛起。

3. 水烧开后，放入菠菜面，煮开后倒入半碗清水，再次开锅后煮5分钟。

4. 菠菜面捞入碗中，放上炒好的西红柿鸡蛋即可。

西红柿鱼汤趣味多

西红柿鱼乌冬面

功效：
益智、护眼

主要营养素：
维生素、蛋白质

20分钟 | 简单

西红柿鱼汤是用西红柿和龙利鱼炖煮而成的。西红柿含有丰富的维生素和矿物质，鱼含有丰富的不饱和脂肪酸，营养都很丰富。浓郁的汤中浸着白白嫩嫩的鱼片，鲜香美味，放入乌冬面，就是一款高钙、高蛋白的健康早餐。

用料

西红柿.............200g

乌冬面.............200g

龙利鱼.............100g

小油菜.............2 棵

鲜香菇.............3 个

蒜.................2 瓣

盐.................2g

食用油.............10ml

黑胡椒粉.........适量

★ ★ 早餐小心思 ★ ★

西红柿皮不易消化，给孩子吃还是去皮为宜。在西红柿顶部划十字，用热水焯烫或用餐叉插入西红柿放在火上烤一会儿就很容易去皮了。

除了乌冬面，其他的面条、米粉等也很适合轮换着给孩子吃，可提供能量，而且更容易消化吸收。

做法

1. 鲜香菇洗净，去蒂，切片。西红柿洗净，去皮，去蒂，切块。

2. 蒜去皮，洗净，切小片。龙利鱼洗净，切片。

3. 锅烧热下入油，再下入蒜煸香。

4. 下入香菇煸炒，然后下西红柿炒出汁。

5. 加两碗水到锅中煮开，加入龙利鱼烫熟，加入盐、黑胡椒粉调味。

6. 放入乌冬面煮 5 分钟左右，下入小油菜烫熟即可。

🍴 营养贴士

· 龙利鱼没有太多小刺，肉质也鲜嫩，给孩子吃没有被鱼刺卡喉的风险，另外冷冻情况下它的蛋白质也不容易流失，适合家庭常备。

· 龙利鱼中的脂肪酸，对促进孩子脑部发育，增强记忆力，保护视力都大有益处。

多吃一碗不害臊

臊子肉炒面

补锌

钙、维生素、锌

25分钟 | 中级

（不含准备、腌制时间）

躁子被称为"万能的面酱"，用剁好的肉末或切好的肉丁，和各种调料炒制而成。吃面条的时候浇一大勺，回味无穷。躁子做法不难，可以用于做拌面和炒面，配上一些小菜也是一顿解馋的早餐。

用料

面粉.................. 250g
鸡蛋..................... 60g
里脊肉.............150g
胡萝卜.............100g
豆芽..................100g
洋葱..................100g
姜末....................10g
香醋.....................5ml
盐.......................... 2g
葱段....................15g
糖.......................... 5g
小油菜..............2 棵
食用油..............少许

★ ★ 早餐小心思 ★ ★

做好的生面条，可以按照每次需要的分量，分成小份放入冰箱冷冻，随吃随取。

豆芽和小油菜都很容易熟，最后放入，避免长时间烹炒造成水和营养流失。

前一晚准备

 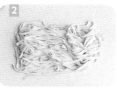

1. 面粉加入鸡蛋，慢慢加入适量清水揉成稍硬的面团，盖上盖子醒 30 分钟。
2. 醒好的面拿出后再揉一会，揉光滑，擀成面片，折叠两次后用刀切成面条。放入冰箱冷冻。

做法

1. 面在开水中煮至七分熟后捞起，过凉白开后备用。
2. 里脊肉切成肉丁，加入姜末、糖腌制 10 分钟。洋葱、胡萝卜洗净，分别切成小丁。

3. 锅中放少许油，倒入肉片煸炒变色，放入洋葱、葱段，加入香醋继续翻炒出香味。
4. 加入胡萝卜丁，再加入适量的清水至微微没过食材，煮开后继续煮 5 分钟。

5. 放入煮好的面条，加入盐翻炒均匀。
6. 放入洗净的豆芽、小油菜，翻炒至断生即可。

北京城独一味

老北京炸酱面

25分钟 | 中级

（不含准备时间）

特色

炸酱面由菜码、炸酱、面条组成。面条含碳水化合物，猪肉含有丰富的优质蛋白质，蔬菜提供膳食纤维、维生素等，为孩子提供丰富而全面的营养。

用料

黄豆酱..............200g

五花肉..............200g

面粉................500g

黄瓜...............100g

胡萝卜.............100g

豆芽...............100g

大葱................50g

姜..................5g

糖..................5g

鸡蛋...............1个

盐..................2g

食用油............适量

✿ ✿ 早餐小心思 ✿ ✿

做好的炸酱和生面条都可以按照每次使用的分量，分成小份放入冰箱冷冻保存。

吃的时候酱可以蒸一下或者用微波炉热一下，冷冻面条直接放入热水中煮熟即可。

北京炸酱面制作方法分为过凉水和不过凉水两种。夏天可以过凉水来适当降温，天气冷一些时可以不过水，避免刺激孩子肠胃。

黄豆酱已经比较咸了，炸酱里面不需要再额外放盐。

前一晚准备

1. 面粉加鸡蛋、盐，再慢慢加入200ml左右清水揉成稍微硬点的面团，盖上湿布醒30分钟。

2. 醒好的面拿出后再揉一会，揉光滑即可擀成薄面片，撒上适量干面粉（分量外），折叠两次后用刀切成手工面条。放入冰箱冷冻。

做法

1. 把黄豆酱加适量清水混合搅拌均匀，隔水蒸15分钟。大葱和姜分别洗净，切成细丝。

2. 将五花肉洗净，切小丁。锅烧热后，放少许食用油，放入五花肉丁，炒至变色后放入姜丝和葱丝翻炒均匀。

3. 炒出香味后把蒸好的酱倒入锅中，放糖，转中小火，熬煮10分钟左右，煸炒出水，做成炸酱。做酱的时候准备菜码。

4. 黄瓜洗净，切丝。胡萝卜洗净去皮，切丝。豆芽洗净，控水。分别放入热水里焯至断生。

5. 水烧开后，将面条放入开水中煮开后，放入半碗清水，再次煮开后继续煮2分钟捞出，过凉白开降温。

6. 面放入碗中，码上黄瓜丝、胡萝卜丝、豆芽，淋上炸酱，拌匀即可。

萝卜焖面

功效：

润肠通便、补充维生素

主要营养素：

维生素C、膳食纤维、蛋白质

25分钟 | 中级

特色 有句谚语是"冬吃萝卜夏吃姜，一年四季保安康"。现代免疫学和营养学，也验证了萝卜的"防病"作用，其所含的维生素C的量大大超过香蕉、苹果，并且萝卜含有的芥子油和膳食纤维，可促进肠蠕动，有助于体内废物的排出。

用料

里脊肉	100g
白萝卜	150g
胡萝卜	50g
鲜香菇	2 朵
鲜面条	150g
葱	5g
姜	5g
蒜	4 瓣
盐	2g
食用油	适量

★ ★ 早餐小心思 ★ ★

超市里的生拉面或农贸市场上的鲜面条或手擀面都适合做焖面；挂面则不适合，直接焖煮易粘连。

焖出松散筋道面条的关键在于水量要控制好，尽量不要让面条直接浸泡在汤汁里，确保面条在食材上面"蒸熟"。

营养贴士

· 白萝卜含有大量的膳食纤维，能够加快肠道蠕动，缓解孩子便秘症状。

· 圆白菜，豆角，土豆都是做焖面的常用食材，根据季节变换食材能够带给孩子新鲜感。

做法

1. 里脊肉洗净，切成肉丝。胡萝卜洗净，切片，压成小花。鲜香菇洗净，切丝。
2. 白萝卜洗净，去皮，用擦丝器擦成细丝。

3. 葱洗净，切丝。姜去皮，切丝。蒜去皮，洗净，切末。
4. 铁锅烧热后放入少许油，放入肉丝翻炒，小火煸炒到变色，放入葱、姜、蒜炒出香味。

5. 放入准备好的香菇、白萝卜和胡萝卜，加入盐，炒至微软。
6. 倒入一碗清水没过食材，大火煮开后转小火炖煮 5 分钟。

7. 汤汁剩余 2/3 的时候，铺上鲜面条，盖上锅盖小火焖煮，焖至汤汁剩余 1/3，面条焖熟即可打开锅盖。
8. 用筷子抖散面条，翻拌均匀即可。

麦兜家独门秘制

鱼丸粗面

功效：
补充蛋白质、益智

主要营养素：
蛋白质、铁、钙

⏰ 10分钟 | 🍭 高级

（不含提前准备时间）

"老板，麻烦你，鱼丸粗面。"看过麦兜故事的人，应该都知道这段对白。麦兜的世界简单而直接，就像弹牙的鱼丸，低脂而又富含蛋白质，和粗面的结合为我们提供多种人体所需的矿物质、维生素。鱼丸粗面成为早餐里的"小美好"。

用料

乌冬面............300g
小油菜............2棵
菌菇............50g
盐............3g
香油............1ml
去骨草鱼肉......400g
猪五花肉..........100g
蛋清............30g
淀粉............100g
葱............2根
姜............10g

✦★ 早餐小心思 ★✦

可以做鱼丸的鱼很多，刺少肉厚的鲅鱼、鲢鱼、鳙鱼、草鱼都可以用。在市场上选较大的鱼，让师傅帮忙处理好，取其净肉，拿回家直接用。

做鱼丸加冰水或者冰块，可以让鱼丸肉质更细腻弹滑，嫩而不柴，让孩子胃口大开。

煮好的鱼丸放凉，可以按每次取用的分量密封后放入冰箱冷冻保存，随吃随取。

特色

前一晚准备

1. 葱洗净，切段。姜去皮，切片。
2. 切好的葱、姜和鱼肉、猪五花肉、1g盐、蛋清、淀粉一起放入料理机。

3. 将50ml冰水分次加入料理机，将食材搅打成细腻的鱼泥。
4. 准备一锅凉水，将鱼泥用手的虎口挤出球形鱼丸，用勺子逐个放入水里。

5. 将凉水烧开，放入鱼丸，煮浮起后继续煮5分钟，捞出过凉水。放入冰箱冷冻。

做法

1. 起锅烧两碗水，水开后放入乌冬面、鱼丸、菌菇，放2g盐和香油调味，起锅前下入小油菜烫熟后即可。

🍴 营养贴士

新鲜鱼肉含有丰富的蛋白质和矿物质，对促进孩子脑部发育有重要作用。

营养面面俱到

干炒牛河

补锌、补铁

锌、铁、B 族维生素、氨基酸

20分钟 | 简单

干炒牛河是广东的传统小吃。厨师手艺好不好，要看炒出的牛河是否"色泽油润亮泽，牛肉滑嫩焦香，河粉爽滑筋道，盘中干爽无汁"。色香味俱全才符合孩子完美早餐的标准。

特色

用料

牛肉	50g
河粉	300g
鸡蛋液	少许
绿豆芽	50g
韭黄	20g
干淀粉	2g
香葱	1根
生抽	5ml
老抽	2ml
糖	2g
盐	2g
食用油	适量

★ ★ 早餐小心思 ★ ★

干炒牛河需要大火快炒，同时需要控制好油的分量，太腻不健康，孩子也不爱吃。

家附近的农贸市场买不到鲜河粉的话，可以购买干的河粉。干河粉保存时间比较久，使用时提前浸泡即可。

做法

1. 将牛肉洗净，切薄片，加入糖、少许鸡蛋液、干淀粉后，用手抓匀。

2. 绿豆芽洗净，控干水分。韭黄洗净，切段。香葱葱白洗净，切段，葱绿切末。

3. 开大火将炒锅烧热，烧至冒烟，倒入食用油，下牛肉后迅速翻炒至变色盛出备用。

4. 用底油将豆芽、葱白爆香，加河粉、牛肉翻炒均匀。

5. 加入生抽、老抽、盐调味，继续炒至汁水收干，颜色均匀。

6. 最后放韭黄、葱绿末炒匀，即可出锅。

营养贴士

· 牛肉中的氨基酸含量丰富，孩子多吃牛肉可以长力气。

· 补充锌可以让孩子爱吃饭，一定程度改善挑食、偏食的毛病。

· 在炒牛河的时候，生抽和老抽可以适量加入用来调色、调味，但平时尽量少给孩子吃这些调味品，以免加重孩子肠胃负担。

花花送给好宝宝

玫瑰花抱蛋煎饺

功效：
补充多种维生素

主要营养素：
锌、钙、维生素

30 分钟 | 中级

只需要多加两个鸡蛋，换一种饺子的包法，就能让我们告别一成不变的煎饺做法，轻松做出美丽的玫瑰花饺。成品不仅美味有营养，颜值还高，孩子开开心心就把早餐吃掉了。

用料

猪肉馅	200g
鸡蛋	2 个
饺子皮	250g
胡萝卜	200g
黑芝麻	2g
盐	2g
糖	5g
胡椒粉	适量
姜	20g
香油	5ml
香葱	15g
食用油	适量

❤ ★ 早餐小心思 ★ ❤

在肉馅里加入适量香油，不仅可以提香，还能够让绿叶蔬菜锁住水分，使馅料吃起来新鲜多汁。

要在肉馅搅拌至上劲后再放入胡萝卜，可让肉馅更具有黏性，能包裹住胡萝卜，肉馅细腻不松散。

做法

1. 香葱洗净，切末。姜洗净，去皮，切末。
2. 猪肉馅加入葱末、盐、糖、胡椒粉、香油、姜末，用筷子沿同一方向搅拌至上劲。

3. 胡萝卜去皮，洗净，切丁，放入肉馅中拌匀。
4. 取饺子皮依次排好，饺子皮中间放上肉馅，对折。卷起来之后成品像朵花。

5. 平底锅中放少许油，码好饺子煎至底部微黄，然后倒入半碗清水，盖上盖子中小火焖至水干。
6. 鸡蛋打散，沿着煎饺的缝隙倒入平底锅，盖上盖子中小火焖至蛋液凝固即关火。撒上黑芝麻后，盖上锅盖继续焖2分钟即可。

🍴 营养贴士

· 猪肉的纤维较为细软，结缔组织较少，肌肉组织中含有较多的脂肪，因此，经过烹调加工后特别鲜美，能够增进孩子食欲，也容易消化吸收。
· 猪肉含有丰富的B族维生素，孩子常吃可以促进身体的新陈代谢，增强体质。

呆萌兔兔心里甜

小兔子奶黄包

功效：

补钙

主要营养素：

钙、蛋白质、多种维生素

10分钟 | 高级

（不含提前准备时间）

奶黄包有浓郁的奶香和蛋黄味道，是广东省的地方传统名点。把奶黄包做成可爱的兔子形状，特别受孩子们欢迎。

用料

中筋面粉.......... 280g
糖 10g
酵母.................... 3g
红曲粉................. 5g
奶黄馅............. 300g

★ ★ 早餐小心思 ★ ★

揉面过程可以使用面包机的揉面功能或者用厨师机操作，更为省力。

做好的奶黄包，可以放入冰箱冷冻，随吃随取，蒸一下即可。

面粉的产地和保存方式会影响其吸水性，和好的面团应是稍软的，如果面团很硬再适当加一些水揉均匀就好。

营养贴士

·给孩子做花样面点的色素，最好从天然的果蔬中获取，如新鲜的果蔬汁。果蔬汁制成的面点，色泽丰富自然，有利于激发孩子的食欲。
·红曲粉是糯米经过特殊工艺加工而成的，也是安全的食物染色剂。

前一晚准备

 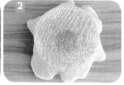

1. 将 250g 中筋面粉、酵母、糖混合，加入 95ml 水揉成团，盖湿棉布静置 15 分钟。

2. 30g 中筋面粉、红曲粉混合，加入 20ml 清水后揉成面团，盖湿棉布静置 15 分钟。

3. 白色面团平均分成 10 份，盖上保鲜膜松弛 10 分钟。

4. 将奶黄馅均分成 10 份。

5. 将粉色面团揉成 20 个红豆大小的小圆球，作"兔子"的眼睛，盖上保鲜膜松弛 10 分钟。

6. 将白色面团分别包入奶黄馅，滚成椭圆形，用剪刀剪出"兔子"的耳朵。

7. 待白色面团松弛好后，将红色面团按在白色面团一端的两侧作为"兔子"的眼睛。

8. 面团发酵 15 分钟后放入蒸屉，蒸约 12 分钟即可。部分成品第二天食用，部分冷冻备用。

做法

1. 第二天早晨将做好的成品加热即可。

有软肋也有盔甲

儿童水煎包

补锌

钙、铁、蛋白质、碳水化合物

10分钟 | 中级

（不含提前准备时间）

"水煎包"以半煎半蒸的方式做成。成品两面呈金黄色，馅料鲜美，外皮酥脆，香味浓郁，口感脆而不硬，味道鲜美极致，香而不腻，让人忍不住口水直流。馅料也可以根据肉质不同进行变换。

特色

用料

中筋面粉..........180g
酵母....................2g
牛肉馅............200g
鸡蛋液..............60g
盐........................2g
干香菇..............30g
黑胡椒粉............1g
糖........................5g
香油..................5ml
玉米淀粉............3g
黑芝麻................2g
姜末....................5g
葱花..................10g
食用油..............5ml

早餐小心思

肉馅上劲后再放入蔬菜，能够增加肉馅黏性。馅料中加入油，在提香的同时能够有效锁住蔬菜水分，保持鲜嫩口感。

做好的包子，蒸好以后放凉，用保鲜盒密封放入冰箱冷冻，食用前拿出来蒸热即可。每次多做一些，可以大大节约做早餐的时间。

1. 提前一晚，将干香菇洗净，用清水浸泡，放入冰箱冷藏过夜。

2. 中筋面粉、酵母混合，加入 95ml 温水揉成光滑的面团，放入盆内，用湿棉布盖好，松弛 15 分钟。

3. 牛肉馅加盐、姜末、黑胡椒粉、糖、鸡蛋液，搅拌均匀至上劲。

4. 将浸泡好的香菇捞出后冲洗，切末，控干后放入肉馅中，加香油拌匀。

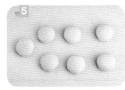 

5. 面团醒发至原体积两倍大后搓成长条，分成大小一样的面剂子。

6. 面剂子擀成厚面皮，包入馅料，捏出好看的褶子，静置 10 分钟左右，进行二次醒发。

7. 平底锅放油，保持小火，放入醒发好的包子生坯，慢慢加入 100ml 开水，盖好锅盖。

8. 转中火，水快干后，撒上黑芝麻和葱花，关火闷 2 分钟即可。部分成品第二天食用，部分冷冻备用。

做法

1. 将做好的成品加热即可。

叮叮叮，开饭喽！

三丁烧卖

30分钟 | 高级

（不含冷藏、腌制时间）

功效：

补锌

主要营养素：

锌、钙、蛋白质、胡萝卜素

特色

烧卖的独特造型，可以让聪明的妈妈们放点"小心机"进去。比如平时孩子不太爱吃的蔬菜、鱼肉、虾肉都可以"打包"进去。单个的花朵造型也便于在放温后给孩子用手拿着吃，让孩子享受自己动手的乐趣，同时大大节约吃早餐的时间。

用料

五花肉..............200g

胡萝卜..............200g

干香菇..............4朵

大米..................250g

糯米..................50g

饺子皮..............250g

生抽..................5ml

糖......................5g

香葱..................1根

姜......................5g

盐......................2g

食用油..............适量

早餐小心思

烧卖一次可以多做一些，蒸熟放至冷透后，放保鲜袋密封冷冻保存，吃的时候拿出来加热即可，可大大节约早餐制作时间。

营养贴士

· 糯米营养丰富，有补气的功效，但孩子过多食用不容易消化。做烧卖，大米和糯米的比例控制在5：1即可。

· 糯米等黏性食材，尽量不要在晚餐给孩子吃，以免消化不良影响孩子睡眠。

做法

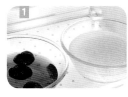

1. 大米和糯米混合淘洗干净，干香菇清洗干净。分别用清水浸泡，放入冰箱冷藏一夜。

2. 浸泡后的米和适量泡香菇的水一起放入电饭煲里，煮成米饭。

3. 五花肉清洗干净，切成小丁，用生抽、糖、少许盐抓匀，腌制10分钟。

4. 胡萝卜洗净，切成小丁。香菇捞出挤干水，切成小丁。姜、香葱切碎末。

5. 锅里放少许油，放入姜末煸香，放入腌制好的肉丁炒变色后，下香菇丁、胡萝卜丁炒散，放剩余盐调味，加入清水至没过食材，大火烧开后转小火焖煮至基本收汁。

6. 米饭煮好后，趁热放入炒好的"三丁"，撒上香葱末，搅拌均匀。

7. 把饺子皮边缘用手捻压出褶皱。

8. 在饺子皮里放一勺拌好的米饭，用手的虎口收紧成烧卖的形状。包好的烧卖放入蒸屉，大火蒸10分钟即可。

三丝卷饼

功效：

补充能量

主要营养素：

维生素、蛋白质、铁

5分钟 | 简单

（不含提前准备时间）

三丝卷饼是传统的特色小吃，面皮口感筋道，蒸好就可以上桌，内馅里的"三丝"也可以选时令蔬菜来制作。一边吃一边卷，让孩子体会自己动手的乐趣，早餐变得活泼有趣。

用料

中筋面粉..........500g
酵母....................5g
盐..........................8g
食用油..............适量
瘦肉丝..........200g
胡萝卜..............200g
土豆..............200g
蚝油....................5g
淀粉....................5g
胡椒粉..............少许

★ ❀ 早餐小心思 ❀ ★

饼擀得不圆也没有关系，想要好看一些还可以蒸熟之后用碗压一下，即可得到大小一致的圆饼。

用开水和面，面团会弹性十足，先揉成团，松弛10分钟以后再揉，反复两三次，面团就会很光滑，口感也更筋道。

卷饼饼皮可以放入冰箱冷冻保存，吃的时候喷上少许清水，烙热或放入微波炉加热即可。可以节约制作早餐的时间。

前一晚准备

 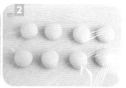

1. 面粉、酵母、6g盐混合，加280ml开水揉成面团，静置15分钟。

2. 揉出面团里的空气，继续揉5分钟后，分成大小均匀的面剂子，盖上保鲜膜松弛10分钟。

3. 肉丝加1g盐、蚝油、淀粉抓匀，腌制片刻。

4. 胡萝卜去皮，洗净切丝。土豆去皮，洗净切丝。锅中放油，放入胡萝卜丝、土豆丝煸炒至断生，加入剩余盐和胡椒粉调味。

5. 锅中放油，放入肉丝炒至变色熟透后盛出。

6. 将松弛好的面剂子擀成直径20cm左右的薄饼，刷一点点食用油防粘，摞好。

7. 摞好的饼放入蒸笼里，水开后大火蒸10分钟。

8. 饼出锅放温后放入"三丝"卷起即可。

做法

1. 第二天早晨用微波炉加热即可。

腹有内容气自华

牛肉馅饼

25分钟 | **简单**

（不含醒面时间）

功效：
补锌、补铁

主要营养素：
钙、锌、铁、碳水化合物

牛肉馅饼皮薄馅厚，牛肉和洋葱结合，有自然的清甜味，具有健脾开胃的作用。面粉、牛肉、白菜所含的营养物质，能够补充能量。这款馅饼是一道非常合格的早餐主食。

用料

面粉	250g
牛肉馅	300g
洋葱	200g
大白菜	200g
盐	2g
食用油	20ml
蚝油	30g
胡椒粉	适量

✦★ 早餐小心思 ★✦

做好的生馅饼可以放入冰箱密封冷冻保存，吃的时候按照生煎的方法放少许清水焖煎即可。

🍴 营养贴士

·牛肉含有丰富的铁、锌、镁、蛋白质、维生素。能促进孩子肌肉的增长，提高孩子免疫力。

·洋葱和牛肉是常见的食材搭配方式，不仅能够提鲜去腥，还能补铁、补血。

特色

做法

1. 面粉中加入120ml清水揉成光滑的面团，盖湿布醒发。

2. 牛肉馅加盐、胡椒粉、蚝油调味，顺着一个方向搅拌至上劲。

3. 大白菜洗净，切成细末。洋葱洗净，切成细末。将两者加入到牛肉馅里拌匀。

4. 面团醒发后，分成6个大小均匀的面团，擀成薄一点的饼皮。

5. 将馅料包入饼皮中，封口朝下放置，压成牛肉饼生坯。

6. 平底锅烧热放油，放入饼生坯，小火慢煎至两面金黄即可。

中式汉堡包

烧饼夹鸡蛋

功效：
补钙

主要营养素：
钙、多种维生素、碳水化合物

10分钟 | 简单
（不含提前准备时间）

说起国外的快餐，就会让人想到汉堡包。现在肯德基、麦当劳各处都很常见，汉堡包也成了我们爱吃的美食，孩子更是对这些"不那么健康"的食物没有抵御能力。其实，烧饼夹鸡蛋这样中国制造的"汉堡包"比西式的汉堡包味道丝毫不逊色。

特色

用料

面粉..................250g
鸡蛋....................2 个
生菜....................2 片
盐..........................2g
胡椒粉..............少量
食用油..............10ml
椒盐粉................2g
芝麻酱................10g
白芝麻..................5g

★ ★ ★ 早餐小心思 ★ ★ ★

烙好的面饼可以放入冰箱冷冻，食用前取出，喷水后加热，再放入馅料组装即可。这是有效节省制作早餐时间的方法。

🍴 营养贴士

· 芝麻酱含钙量高，对孩子骨骼、牙齿的发育都有益处。
· 除鸡蛋、生菜外，内夹的食材可以根据孩子喜好变换种类。

前一晚准备

1. 面粉加入 120ml 80℃的热水，用筷子搅拌成棉絮状。
2. 面团不烫手后揉光滑，盖湿布醒发 30 分钟。

3. 平底锅放入 6ml 食用油烧热，打入鸡蛋，煎熟后撒上盐和胡椒粉。
4. 生菜洗净，控干。

5. 醒发好的面团擀成长椭圆形，将芝麻酱均匀涂抹在面饼上，再均匀撒一层椒盐粉。
6. 将面饼卷起来，切割成 4 个长柱形面片，收口向下，在铺上芝麻的盘子里按压成饼状，将饼坯蘸满芝麻。

7. 电饼铛两面刷上剩余的食用油，放入面饼，合上电饼铛烙 4 分钟，盛出放凉。放入冰箱冷冻。

做法

1. 用刀将解冻好的饼从侧面切开，加热，放入生菜、煎鸡蛋即可。

蔬蛋双全营养棒

蔬菜鸡蛋饼

功效：
补钙

主要营养素：
钙、锌、铁、多种维生素、蛋白质

15分钟 | 简单

（不含浸泡时间）

鸡蛋是最好的营养来源之一，含有丰富的维生素和矿物质及蛋白质。鸡蛋是孩子营养早餐的绝佳食物。

用料

鸡蛋..................2 个
黄瓜..................100g
胡萝卜..............100g
盐....................... 2g
菠菜................. 50g
胡椒粉.............少量
食用油.............10ml

★ ★ 早餐小心思 ★ ★

制作时要用小火煎，饼尽量摊薄一点，不然容易底部焦掉而上层未熟。

鸡蛋冷藏时间过长会影响营养和口感，给孩子最好选用从生产到食用不超过 15 天的新鲜鸡蛋，以保证品质。

做法

1. 鸡蛋加少许盐打散。黄瓜洗净，切丝。胡萝卜去皮，洗净，切丝。菠菜洗净，切碎。

2. 平底锅加油烧热，放入切好的黄瓜丝、胡萝卜丝，加入剩余的盐和胡椒粉炒至七成熟。

3. 将蔬菜丝在锅里铺平，倒入蛋液，慢慢摊成饼。

4. 盖上锅盖，小火煎至鸡蛋表面凝固，切成小块即可上桌。

煎饼届的"唐三彩"

三丝煎饼

⏰ 15分钟 | 🍭 简单

功效：
补钙

主要营养素：
钙、多种维生素、蛋白质

合理的早餐应该包含多种食材，以保证营养均衡。营养相近的食材，颜色也相近，所以，让孩子的早餐呈现缤纷的色彩，不仅仅是为了看起来漂亮，更是为了营养均衡。

特色

用料

胡萝卜..............200g

土豆..................200g

青椒..................100g

鸡蛋..................2 个

面粉..................100g

盐........................ 2g

胡椒粉..............少量

食用油..............10ml

★ ★ 早餐小心思 ★ ★

饼采用小火煎，尽量薄一点，盖上锅盖，不然容易底部焦掉上层未熟。

切丝可以借助擦丝器工具，对于忙碌的早餐而言，又快又好看。

🍴 营养贴士

加入了面粉的煎饼，富含碳水化合物，能够为孩子提供上午活动所需要的能量。蔬菜可以根据季节时令，选择当季食材进行变换。

做法

1. 土豆、青椒、胡萝卜分别洗净，用擦丝器擦成细丝。

2. 鸡蛋打散，加入 50g 清水和盐搅打拌匀。

3. 面粉筛入鸡蛋液里，翻拌均匀至没有面疙瘩。

4. 将土豆丝、青椒丝、胡萝卜丝放入面糊里，加胡椒粉拌匀。

5. 平底锅入油烧热，倒入面糊摊成饼状。

6. 盖上锅盖，转小火煎熟后，盛出，切小块即可。

米饭也有春天

鸡蛋米饼

功效：
补钙

主要营养素：
钙、多种维生素、蛋白质

15分钟 | 简单

（不含浸泡时间）

鸡蛋米饼是以鸡蛋、米饭作为原料制成的，做法简单灵活。加入丰富的蔬菜和坚果，可以为孩子补充多种维生素和钙质，促进孩子生长发育。良好的开端让孩子一天充满活力。

用料

米饭..................1 碗
鸡蛋..................1 个
洋葱..................100g
胡萝卜..................100g
盐..................2g
胡椒粉..................少量
食用油..................10g
海苔丝..................10g
黑芝麻..................2g

★ ★ 早餐小心思 ★ ★

米饭蛋糊的浓度尽量浓一点，加入的蔬菜颗粒尽量细小一些，在煎的时候不容易散。

可以使用模具，如煎蛋用的圆形、心形模具，让饼有好看的形状，这样更受孩子欢迎。

除了食谱里的食材，也可以添加孩子喜欢的其他蔬菜和肉类食材进去，如切碎的火腿、玉米粒，色彩丰富，更能激发孩子食欲。

特色

做法

1. 胡萝卜洗净，去皮，切成小丁。洋葱去皮，洗净，切小丁。两者一同放入米饭碗中，翻拌均匀。

2. 将鸡蛋打入米饭碗中，加入黑芝麻，再放入盐和胡椒粉，搅拌成黏稠糊状。

3. 平底锅入油，用勺子挖等量的几份米饭蛋糊入锅，稍压平做成饼形，小火慢煎，一面成型后翻面，煎至两面熟透。

4. 将煎好的米饼盛入盘中，撒上海苔丝即可。

鲜香小饼开胃菜

香煎小虾饼

功效：
益智

主要营养素：
蛋白质、多种维生素、胡萝卜素

 20分钟 简单

虾肉含有丰富的蛋白质，营养价值很高，易于孩子消化吸收，而且虾肉无腥味和骨刺，适口性很强，即使挑食的孩子也比较容易接受。

用料

海虾虾仁..........200g

胡萝卜..............100g

杏鲍菇..............150g

香葱....................1根

盐..........................2g

黑胡椒粉..........少量

糖........................2g

食用油..............适量

★ ★ ★ 早餐小心思 ★ ★ ★

因剁碎的虾肉本身有很好的黏性，所以不用再加面粉。尽量拿筷子顺一个方向搅拌，可使做好的虾饼不容易散。

🍴🍴 **营养贴士**

·除了含有丰富的矿物质(如钙、磷、铁等)外，海虾还富含碘质，对孩子的健康大有裨益。

·给孩子做早餐时，尽量选择新鲜的海虾，它含有三种重要的人体所需的脂肪酸，能使人长时间保持精力集中，让孩子更聪明。

做法

1. 胡萝卜去皮，洗净，切碎。杏鲍菇洗净，挤干，切成碎末。

2. 将处理好的虾仁清洗干净，剁成虾蓉。香葱洗净，切碎。

3. 将虾、胡萝卜、杏鲍菇均放入碗里，加葱、盐、黑胡椒粉和糖拌匀，制成虾泥混合物。

4. 平底锅倒入少许油烧热，用勺子逐份放入虾泥混合物，煎至两面微焦熟透即可。

也 给 韭 菜 找 个 家

韭菜盒子

⏰ 40分钟 ｜ 🍭 中级

（不含浸泡时间）

功效：
润肠通便、补钙

主要营养素：
膳食纤维、维生素、钙、碳水化合物

特色

这道主食用时较长，适合节假日制作。韭菜盒子是典型的北方小吃，外表金黄酥脆，内里鲜嫩多汁，一口下去让人食欲大开，是早餐不可多得的美食。韭菜与虾、鸡蛋更是好搭档，不仅能提供优质蛋白质，益气养胃，混合后还可以促进胃肠蠕动，让排便更通畅。

用料

面粉..................500g

海米..................50g

韭菜..................200g

鸡蛋..................2 个

粉丝..................100g

食用油..............20ml

盐..........................1g

胡椒粉..............少许

香油..................5ml

★ ★ ★ 早餐小心思 ★ ★ ★

馅料加一勺香油，不仅能提香还能在一定程度上防止韭菜水分流失，影响口感。

海米属于海产品，味道有一点咸，所以馅料在调味时放的盐需要比平时炒菜少。注意放盐后再加入海米，以免海米过咸。

🍴 营养贴士

· 海米含有丰富的钙，常吃有助于孩子骨骼发育。

· 韭菜含大量维生素和膳食纤维，能促进肠道蠕动，预防孩子便秘。

做法

1. 粉丝提前一晚放入清水中，在冰箱冷藏浸泡一晚。

2. 第二天，将面粉和 200ml 温水揉成面团，盖上湿布醒发 20 分钟。

3. 鸡蛋放入碗中打散，锅中放少许油烧到七成热倒入鸡蛋，快速翻炒成嫩碎鸡蛋块后盛出。

4. 韭菜洗净，切碎。海米洗净，切碎。粉丝捞出沥干水后，切成小段。

5. 将韭菜碎、粉丝放入鸡蛋碎里，加入盐、胡椒粉、香油拌匀，加入海米碎再次拌匀。

6. 醒好的面团分成小剂子，擀成饼状，在面皮的一边放一勺拌好的韭菜鸡蛋馅。

7. 将未放馅料的另一边面皮对折，然后用手在四周折出花边。

8. 平底锅放剩余油烧热，把做好的韭菜盒子平铺入锅，中小火煎至两面金黄熟透即可。

优质蛋白质来源

鲜虾小馄饨

功效：
益智

主要营养素：
铁、钙、蛋白质

10分钟 | 简单
（不含提前准备时间）

小馄饨是江苏地区传统食物，能提供人体必需的氨基酸与脂肪酸，加入鲜虾，营养更均衡，也更容易被人体消化和吸收。

特色

用料

猪肉馅..............100g

海虾..................200g

馄饨皮..............200g

紫菜..................10g

小油菜...............2棵

香葱..................1棵

盐.......................2g

糖.......................5g

淀粉..................5g

胡椒粉..............少量

姜.....................10g

香油..................5ml

✦ ★ 早餐小心思 ★ ✦

包好的馄饨生坯，可以按照每次需要的分量，分成小份放入冰箱冷冻，随吃随取。

包的时候尽量让每一个馄饨里都有虾仁，吃的时候每一口都有惊喜。

🍴 营养贴士

·虾的营养价值极高，易于被人体消化吸收，能增强人体的免疫力，尤其海虾中含有三种重要的脂肪酸，能使人长时间保持精神集中，让孩子更聪明。

·给孩子做早餐，尽可能加入一些蔬菜，既丰富早餐的内容，也能够及时补充孩子成长所需的维生素和钙质。

前一晚准备

1. 虾剥壳，去掉虾线，取虾仁洗净，切成小丁。

2. 香葱洗净切粒，姜擦成姜蓉，小油菜洗净。

3. 猪肉馅加入切好的葱粒、盐、糖、淀粉、胡椒粉、姜蓉、香油，用筷子顺同一方向搅拌至上劲。

4. 在肉馅里加虾仁丁拌匀。

5. 一手拿馄饨皮，放上适量馅料，收口后捏成馄饨的形状。放入冰箱冷冻。

做法

1. 锅入水烧开，放入馄饨，煮至馄饨全部浮起，放入小油菜，再次煮开后，放入紫菜即可。

你看起来很"社会"

干拌小馄饨

功效：
补钙、乌发

主要营养素：
钙、多种维生素、蛋白质

10分钟 | 简单
（不含提前准备时间）

和有精致汤料的小馄饨相比，干拌小馄饨的风格显得较为粗犷。但香油调出的芝麻酱不仅香气四溢，而且含钙量高，对孩子骨骼、牙齿的发育都有益处。这是一款非常优质的早餐食物。

特色

用料

猪肉馅.............100g
胡萝卜............200g
馄饨皮............200g
大白菜............200g
黑芝麻酱...........20g
香油..................5ml
香葱..................5 棵
盐.........................3g
糖.........................5g
胡椒粉..............少量
姜.......................10g

营养贴士

· 芝麻酱富含钙质，尤其黑芝麻酱，不仅味道香浓，还有乌发的作用。

· 也可以用花生酱代替芝麻酱当干拌酱。花生酱不仅蛋白质含量丰富，而且其特有的氨基酸对促进孩子的脑部发育和提升孩子的记忆力均有益处。

· 花生酱是易过敏食材，家长在给孩子初次食用时需要特别留意。

前一晚准备

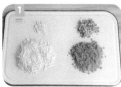 

1. 胡萝卜去皮，洗净，切丁。大白菜洗净，切末。香葱洗净，切粒。姜洗净，擦成姜蓉。

2. 猪肉馅加香葱、2g 盐、糖、胡椒粉、姜蓉，用筷子沿同一方向搅拌至上劲。

3. 肉馅里加入胡萝卜丁和大白菜末，淋入香油，搅拌均匀。

4. 一手拿馄饨皮，放上适量馅料，收口后捏成一个袋子的形状。放入冰箱冷冻。

做法

1. 锅入水烧开，放入馄饨，全部浮起后继续煮5 分钟后捞起。

2. 黑芝麻酱加 1g 盐调味，淋在捞起的馄饨上，拌匀即可。

宝宝也有"欺骗"餐

南瓜"冰激凌"

功效：
润肠通便

主要营养素：
膳食纤维、胡萝卜素、矿物质、氨基酸

25分钟 | 简单

生长发育中的孩子，应减少不健康食物的摄取量。在孩子嘴馋时，如果能够把健康的粗粮做出冰激凌的模样和口感，也能够满足孩子的要求。

用料

贝贝南瓜.........500g
牛奶.................50ml
黄油..................5g
坚果碎................5g

★ ★ 早餐小心思 ★ ★

制作此道美味，要使用像贝贝南瓜等质地粉、面、干的南瓜，水分含量大的南瓜不易成型。也可以用土豆、芋头等根茎类蔬菜代替南瓜进行制作。

也可以在南瓜上撒适量盐烹制，压成泥后淋上鸡汁，做成咸味的鸡汁南瓜泥。

营养贴士

·除氨基酸、胡萝卜素外，南瓜还含有丰富的钴，钴能够促进孩子的新陈代谢。
·南瓜的膳食纤维含量丰富，孩子常吃南瓜可预防便秘。

做法

1. 贝贝南瓜洗净，切开，挖出南瓜种子，上锅蒸至熟透。

2. 放温后去皮，取南瓜肉，放入大碗里。

3. 趁热放入黄油，用勺子把南瓜肉压碎。

4. 加入牛奶，搅拌均匀成细腻的南瓜泥。

5. 用冰激凌勺子将南瓜泥挖成球状，放入准备好的盛器内。

6. 在南瓜球上撒上坚果碎即可。

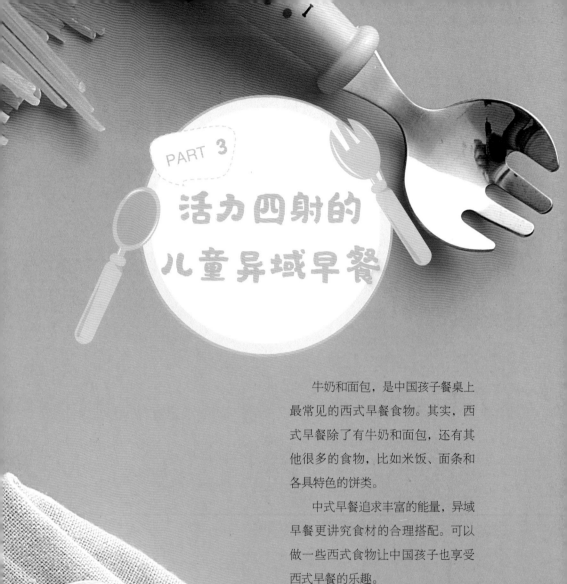

PART 3

活力四射的
儿童异域早餐

牛奶和面包，是中国孩子餐桌上最常见的西式早餐食物。其实，西式早餐除了有牛奶和面包，还有其他很多的食物，比如米饭、面条和各具特色的饼类。

中式早餐追求丰富的能量，异域早餐更讲究食材的合理搭配。可以做一些西式食物让中国孩子也享受西式早餐的乐趣。

西红柿穿肠意面

25分钟

中级

功效：
补钙、补铁

主要营养素：
蛋白质、维生素、胡萝卜素

特色 意大利面是西餐里最接近中国人饮食习惯的面食，意大利面以杜兰小麦粉为原料，杜兰小麦是硬质的小麦，具有高密度、高蛋白质、高筋度等特点，所以和中国面条相比，意大利面通体呈黄色，久煮不烂。

用料

意大利面..........100g

肉末..............100g

西红柿............200g

火腿肠............2根

番茄酱............30g

洋葱..............100g

胡萝卜............200g

西芹..............100g

蒜................2瓣

姜................10g

橄榄油............10ml

黑胡椒............少量

盐................2g

✿ ★ 早餐小心思 ★ ✿

意面煮好后不过凉水，可以让面的质地更紧实、更有弹性。

西红柿皮上用刀划个十字，放热水中烫30秒，或者插上叉子在火上烤几秒钟即可快速去皮。

意大利肉酱可以一次性多做一些，分份放入冰箱冷冻，吃的时候取出化冻即可。

🍴 营养贴士

· 通常意面是干拌着吃的，但给肠胃功能不是太好的孩子食用，可以放入少许清水做成汤面，并且多煮几分钟。

· 西红柿中的有机酸，可以促进人体对钙、铁元素的吸收，让孩子多吃西红柿有助于促进骨骼生长，增强孩子体质。

做法

1. 把火腿肠剥开切成长1厘米的小段，每段火腿肠穿入三四根意面。

2. 用深锅加水烧开，加少许盐，放入穿肠意面煮10分钟后捞起，拌点橄榄油备用。

3. 蒜去皮，洗净，切碎。姜去皮，洗净，切碎。西红柿洗净，去皮，切成丁。

4. 洋葱、胡萝卜分别去皮洗净，切小块。西芹洗净，切小段，和洋葱、胡萝卜放入料理机一同打碎。

5. 锅烧热，放剩余的橄榄油，放入蒜、姜、肉末煸炒至变色。

6. 放入洋葱、胡萝卜、西芹碎煸炒。

7. 放入西红柿丁，煸炒到西红柿出汁，加番茄酱一起炖煮10分钟成意大利肉酱。

8. 穿肠意面放进锅里和酱料拌匀，撒一点点黑胡椒粉出锅装盘即可。

来自森林的奶油

牛油果培根意面

25分钟

中级

功效：
润肠通便

主要营养素：
维生素、膳食纤维、碳水化合物

牛油果有"森林奶油"的美称，营养丰富，含多种维生素，丰富的不饱和脂肪酸、蛋白质和钠、钾、镁、钙等元素。和罗勒做的青酱相比，用牛油果做出的奶油般口感的"青酱"更容易受到小朋友欢迎。

用料

意面..................100g
牛油果...............1个
培根..................1片
牛奶..................50g
蒜......................2瓣
盐......................2g
黑胡椒粉.........少量
橄榄油.............10ml

早餐小心思

长的意面可以折成较短的面条，让孩子吃起来更为方便。

根据孩子年龄，购买的时候选择粗细适合的意面面条。

营养贴士

牛油果含钾、叶酸以及丰富的维生素B6，还含有多种矿物质元素及膳食纤维，是对孩子成长非常有益的水果。牛油果最好选择表皮暗沉、捏上去有一点软的熟果，口感细腻润滑。

做法

1. 用深锅加水煮开，加少许盐，放入意面煮 10 ～ 15 分钟后捞起，拌点橄榄油备用。
2. 牛油果对半切，去核，挖出果肉放入料理机，加牛奶打成牛油果泥。

3. 蒜去皮切片，培根切成小丁。
4. 锅里放剩余的橄榄油，放入培根在锅里煎香，放入蒜片煸香。

5. 倒入搅打好的牛油果泥，小火加热至浓稠糊状。
6. 加入煮好的意面、剩余的盐、黑胡椒粉翻拌均匀即可。

章鱼意面

25 分钟

简单

功效：

补充能量

主要营养素：

蛋白质、矿物质、维生素

章鱼含有丰富的蛋白质、矿物质等营养素，并富含抗疲劳、抗衰老的保健因子——天然牛磺酸，是一种营养价值非常高的食物，能为孩子增添健康与活力。

用料

意面....................100g
章鱼....................100g
盐.......................2g
洋葱...................1/2 个
蒜......................2 瓣
姜片...................2 片
橄榄油..............10ml
黑胡椒粉..........少量
西红柿..............1 个
番茄酱..............2 勺

❀ ❀ 早餐小心思 ❀ ❀

酱汁可以一次性多做一些，分份放入冰箱冷冻，吃的时候按照需要取出化冻即可。

🥄🍴 营养贴士

· 橄榄油被认为是迄今所发现的油脂中较适合人体吸收的营养油脂，含有丰富的单不饱和脂肪酸和油酸，能促进孩子消化系统的发育。

· 章鱼肉嫩无刺，蛋白质含量丰富，能为孩子日常活动提供充足的能量。

做法

1. 用深锅加水烧开，加少许盐，放入意面煮 10 分钟后捞起，拌少许橄榄油备用。

2. 煮面条的时候，把章鱼清洗后切成细丁，放少许盐拌匀。

3. 洋葱、蒜、姜片洗净，切碎。西红柿洗净去皮，切成丁。

4. 锅烧热，放剩余的橄榄油，放入蒜、姜、章鱼煸炒出香味。

5. 放入洋葱、西红柿，煸炒到西红柿出汁，加番茄酱和剩余盐一起煸炒均匀。

6. 意面放进锅里和酱料拌匀，撒一点点黑胡椒粉出锅装盘即可。

花朵紫菜卷

20分钟

简单

功效
补充能量

主要营养素
蛋白质、钙、维生素、花青素

特色 紫菜卷寿司，就是用紫菜和米饭去包裹各种食材做成的。因为各种食材搭配丰富，造型漂亮，所以有了这个寿司无论是在家里还是出游都能让孩子拥有美好的一天。花朵造型简单易做，即使新手也能够手到擒来，并且可以举一反三，做出更多的造型，让孩子爱上吃饭。

用料

热米饭................. 200g
寿司紫菜.................1张
红心火龙果果肉.....50g
黄瓜.....................1根
鸡蛋.....................60g
黑芝麻.....................5g
盐.........................2g
食用油................. 10ml

做法

1. 将红心火龙果果肉捣烂取汁，和热米饭混
   合拌匀，制成漂亮的红色米饭。
2. 黄瓜洗净，切去黄瓜内部多汁的瓤，切成
   长条。

3. 鸡蛋加盐打散，锅中放食用油烧热，倒入鸡
   蛋液煎成厚蛋皮，取出放温，切成长条。
4. 紫菜上铺上红色米饭后压实，撒上黑芝麻，
   中间放上切好的鸡蛋条、黄瓜条。

5. 用卷帘卷紧紧卷起，捏成一边圆另一头尖的
   长水滴形长条。
6. 用带锯齿的餐刀将长条紫菜卷切片，每五瓣
   尖头向内放入盘中，摆放成花瓣形状。

好滋味在里头

蛋包饭

18分钟

中级

功效：
补钙

主要营养：
钙、维生素、蛋白质

炒饭的随意性，在蛋包饭身上体现出来了。相对普通炒饭而言，蛋包饭黄灿灿的表皮颜值更高，香甜的口感更容易受到小朋友和"大朋友"的欢迎，里面放上平时不怎么爱吃的蔬菜，也能让小朋友吃得很香。

用料

热米饭.............150g
鸡蛋.................2 个
小油菜..............2 棵
胡萝卜.............100g
洋葱.................50g
淀粉...................5g
食用油.............10ml
盐.....................2g

早餐小心思

在蛋液里加入少许淀粉，能够加强蛋皮的韧性，做蛋包饭时不易破，而且更加嫩滑。

营养贴士

炒饭用了比较多的蔬菜粒，比较适合挑食的孩子们，如果喜欢更丰富的口感，可以随意加入自己喜欢的蔬菜，营养丰富全面。

做法

1. 洋葱、胡萝卜、小油菜分别洗净，切碎备用。
2. 锅中放少量食用油，油热后，依次放入胡萝卜、洋葱，翻炒至断生。

3. 放入米饭，继续翻炒均匀。
4. 放入小油菜和适量盐，翻炒均匀后盛起备用。

5. 鸡蛋打散，加剩余盐和淀粉调匀。
6. 平底锅放剩余的油烧热，全程小火，倒入鸡蛋液摊平。

7. 鸡蛋凝结后，在鸡蛋饼的一边倒入炒好的米饭等材料。
8. 将鸡蛋饼的另外一半翻盖在米饭上即可。

有 它 好 下 饭

咖喱鸡肉饭

⏰ 20分钟

🔍 中级

（不含提前准备时间）

功效：
护眼、补充能量

主要营养素：
维生素、蛋白质、胡
萝卜素

特色 咖喱味美，所含有的姜黄粉能促进人体唾液和胃液的分泌，
促进胃肠蠕动，增进孩子的食欲。咖喱鸡肉饭更是适合中国
人口味的主食，制作起来也十分简单，荤素搭配更适合成长
中的孩子。

用料

热米饭.............200g

鸡腿.............200g

洋葱.............100g

胡萝卜.............100g

土豆.............100g

咖喱粉.............5g

大葱.............20g

姜片.............5g

食用油.............适量

盐.............2g

★★★ 早餐小心思 ★★★

咖喱种类很多，选择不太辛辣的咖喱，比较适合孩子。有的咖喱块含有盐分，一定要根据情况斟酌用盐的量。

咖喱鸡肉一次吃不了可先存放冰箱，加热的时候凝固的咖喱汁要加少许高汤慢慢化开。

营养贴士

· 咖喱鸡肉饭用高汤来煮，味道会更浓郁鲜香，让孩子更有食欲。

· 鸡肉属于高蛋白、低脂肪的肉类，其中的蛋白质较容易被人体消化和吸收，为孩子提供能量与活力。同时，鸡肉里维生素A含量较高，对孩子视力发育也大有益处。

提前准备

1. 提前一晚将鸡腿洗净，把骨头剔出，将骨头放入电饭煲，放入两片姜，加水开启煲汤功能。

2. 鸡骨高汤煮好后撇去浮沫，过滤后留汤，放凉后放入冰箱冷藏备用。

3. 第二天，将剔骨的鸡腿肉撕去鸡皮，把肉切成小块，加入少许盐，腌制10分钟。洋葱、胡萝卜和土豆分别去皮洗净，切成大点的滚刀块。大葱洗净，切段。剩余姜片洗净。

4. 锅内放油，加入姜、葱煸香，然后加入鸡肉翻炒至变色。做好后放入冰箱冷冻。

做法

1. 将咖喱鸡肉加入洋葱块用油翻炒出香味，放入胡萝卜块和土豆块翻炒。

2. 倒入鸡骨高汤，至没过食材即可，大火煮开后转小火炖10分钟。

3. 咖喱粉用冷水化开，倒入锅中，加入剩余盐调味，调至中火煮至水开后继续炖煮5分钟至收汁。

4. 米饭装入碗里压实后倒扣入盘子，四周浇上煮好的菜码即可。

香煎三文鱼
糙米饭

20 分钟

小效：
益智、护眼

中级

主要营养素：
蛋白质、不饱和脂肪
酸、钙、膳食纤维

（不含蒸米饭时间）

特色 三文鱼含有大量优质蛋白和不饱和脂肪酸，对儿童脑神经
细胞发育和视觉发育可以起到至关重要的作用。常吃三文
鱼对心脑血管疾病的预防以及儿童智力和视力的发育都颇
有益处。

用料

三文鱼	200g
柠檬	1/2 个
黑胡椒粉	少量
盐	2g
胡萝卜	100g
西蓝花	100g
黑木耳	5 朵
橄榄油	10ml
大米	100g
糙米	20g

✦ ✧ 早餐小心思 ✦ ✧

做糙米饭较为费水，蒸糙米饭的水可以比做纯米饭的水多一些，尽量选择精煮而非快煮功能。

烹饪前将三文鱼放在室温下恢复至室温再煎，以免外熟内生。整个煎的过程不要超过 2 分钟。

🍴 营养贴士

· 冷冻三文鱼需要提前一晚从冷冻室移入冷藏室，切勿放在热水或微波炉中加速解冻，以免鱼肉中的水和营养流失。

· 糙米不仅含有大量的膳食纤维，还含有丰富的氨基酸和维生素，日常的米饭中加入少量糙米，能够预防便秘，增强体质。

做法

1. 大米和糙米洗净，放入电饭锅蒸成米饭。

2. 三文鱼提前从冰箱拿出，化冻后，用厨房纸擦干水。撒上少许盐、黑胡椒粉，挤上数滴柠檬汁腌制 10 分钟。

3. 胡萝卜去皮洗净，切丁。西蓝花洗净切小朵，放入热水中焯熟。黑木耳泡发好后撕成小片。

4. 煎锅里放橄榄油烧热，将三文鱼皮朝下放入煎 1 分钟，再将两侧煎至金黄盛出。

5. 用底油把胡萝卜丁、西蓝花碎、黑木耳碎一起放入锅中煸炒后，放剩余的盐调味。

6. 米饭蒸熟后盛起，放上煎好的三文鱼和炒好的菜摆盘即可。

"萌萌哒汪星人"来袭

狗狗卡通
儿童便当

20分钟

简单

功效：
补钙

主要营养素：
钙、维生素、蛋白质

孩子吃饭难，除了胃口差，还可能是对饭的造型提不起兴趣。所以妈妈们要学会一两样拿手的技能，将食物制作成美味又可爱的卡通形象，让孩子在玩乐中摄入身体发育所需要的营养。孩子吃饭香香，家长省心。

用料

热米饭...............1碗
寿司海苔...........1片
奶酪片...............1片
酱油...................1勺
火腿...................1片
西蓝花...............2朵
千禧果...............1颗
手指胡萝卜.......2根
生菜叶...............2片
盐.......................少许
食用油..............适量

★ ★ 早餐小心思 ★ ★

"狗狗"饭团除了可以做成这种清爽的便当，也可以在寒冷的季节放在咖喱及浓汤里，吃起来暖暖的。

🍴 营养贴士

卡通饭团最主要的食材仍然是米饭，所以需要配上少许配菜，搭配起来色彩明快，营养更丰富。

做法

1. 米饭趁温热放入模具中按压，做出狗狗身体的形状。

2. 用压花器将海苔做成狗狗的表情，用火腿和奶酪片做出狗狗的舌头和骨头。

3. 将预备做成狗狗头部的饭团上刷上酱油，把狗狗表情贴在饭团上。

4. 生菜叶洗净用厨房纸巾擦干放入便当盒。西蓝花放淡盐水中焯熟。千禧果切成两块。手指胡萝卜用油煎熟，和做好的"狗狗"一同放入便当盒即可。

健康新鲜看得见

法式橙味吐司

10分钟

简单

功效：
补充能量

主要营养素：
膳食纤维、蛋白质、钙

对于家长而言，用吐司面包当早餐可以大大节省做早餐的时间，而孩子也乐于接受这样适口性很强的早餐。本菜品虽然简单，但不单调，尤其各种食材的加入，让早餐显得健康而充满阳光。

特色

用料

厚吐司	2 片
橙子	1 个
黄油	10g
麦芽糖	5g
淀粉	5g
盐	适量

✿✿✿ 早餐小心思 ✿✿✿

橙子的皮下白色组织带有苦味，取橙皮时尽可能去除白色组织部分。

没有烤箱可以用多士炉或者平底锅加热吐司，让黄油和吐司充分融合。

营养贴士

· 吐司口味种类多样，易于孩子消化，适合用来做早餐。不同口味的吐司搭配使用，能激发孩子的食欲。

· 橙子加热后口感偏酸，放入适量的麦芽糖中和酸味的同时也能起到润肺、降燥的作用。

做法

1. 橙子洗净，用盐搓洗皮。橙子肉榨汁待用。

2. 削少许新鲜橙皮，去除白色瓤后，切成细丝。

3. 淀粉加少量清水化开，制成水淀粉。

4. 橙皮丝加橙汁，再放麦芽糖混合加热，煮软后加水淀粉勾芡，做成橙味甜汁。

5. 吐司一面涂上黄油，放入烤箱 175℃烤 5 分钟。

6. 烤好的吐司对角切开，淋入橙味甜汁即可。

可以早上吃的小甜点

香蕉吐司卷

15分钟

简单

功效：
润肠通便、护眼

主要营养素：
膳食纤维、钾、
镁、维生素 A

香蕉吐司卷更像是早餐里的小甜点，外皮酥香，馅心软糯香甜，味道棒极了，制作也非常简单，配上果蔬汁就是一顿完美的早餐。对于孩子而言，它也是非常解馋的小甜点哦。

用料

熟香蕉..............1根
吐司.................2片
鸡蛋.................1个
花生酱..............20g
黄油.................5g

★ ☆ 早餐小心思 ★ ☆

家长要提防孩子对花生过敏。对于不爱或者不能吃花生酱的孩子，可以替换成其他口味的果酱。

🍴 营养贴士

· 香蕉含有多种维生素和微量元素，能增强孩子的抵抗力，保护孩子视力，缓解压力，让孩子心情愉悦。
· 要用熟透的香蕉，这样不会有酸涩感。同时熟香蕉才能起到润肠通便的作用。生涩的香蕉含有抑制肠胃液分沙和蠕动的鞣酸，会加重便秘。

做法

1. 将吐司切去四边，用擀面杖压实，方便卷起。
2. 在吐司片一面抹上花生酱。

3. 香蕉去皮，切成同吐司宽度一样长的条状，放在涂好花生酱的吐司上。
4. 把香蕉和吐司像卷寿司一样紧紧卷起来。

5. 鸡蛋打散，将卷起的香蕉吐司裹上蛋液。
6. 黄油放入平底锅加热至化开，放入吐司煎至表面略泛金黄，盛出切成小段即可。

苹果官配吃出高级感

苹果开放三明治

20 分钟
简单

功效:
补钙

主要营养素:
维生素、矿物质、钙

肉桂粉是用肉桂的枝制成的粉末，有一种芳香味，给人以温和、甜美的感觉，和苹果是绝配。苹果和烤得香香脆脆的吐司，一起做成三明治，能够吃出法式甜品的感觉。

用料

吐司..................2 片

奶酪..................2 片

苹果..................1 个

黄油..................10g

柠檬..................1/2 个

麦芽糖..............5g

肉桂粉..............5g

✹ ✦ 早餐小心思 ✦ ✹

煎炒苹果时，通常时间越长成品颜色越深，越入味，但不要加热过了，让苹果过于软烂，注意控制温度火候。

🍴 营养贴士

通常用高热量的奶油、奶酪来涂抹吐司，但给孩子吃可以用含钙量高的奶酪片代替，保留奶香同时补钙。

做法

1. 吐司分别放上奶酪片，放入烤箱 180℃烤 5 分钟后，从中间切开。

2. 苹果洗净，切成两半后去核，切成半月形的厚片。

3. 平底锅烧热放入黄油化开，放入苹果片翻炒，加入麦芽糖与柠檬挤的汁拌炒至苹果变软，撒上少许肉桂粉拌匀。

4. 在吐司上码上炒过的苹果片，表面再撒剩余的肉桂粉即可。

嫩一点才新鲜

滑蛋鲜虾三明治

| ⏰ 25分钟 | 功效：补钙、益智 |
| 🍭 简单 | 主要营养素 钙、镁、维生素 |

特色 三明治是最为常见的西式早餐食物，一般是以两片面包
酪，再加各种调料制作而成。由于它制作简单、营养丰富、
携带方便，因此成为越来越多中国家庭的早餐选择。加入鸡
蛋和虾仁，让三明治更加适合孩子的口味。

用料

吐司面包............2 片
鲜虾.................5 个
鸡蛋.................1 个
西红柿............2 片
奶酪.................2 片
淀粉..................... 5g
盐......................... 2g
食用油.............. 10ml

★★ 早餐小心思 ★★

鲜虾去壳后，用牙签从虾背二、三节处入手挑出虾线。

不要等鸡蛋全熟的时候再放虾仁。炒制时间太长的话，鸡蛋会很老，失去滑嫩口感。

🍴 营养贴士

·虾的营养价值极高，易于消化，能增强人体的免疫力，尤其海虾中含有三种重要的脂肪酸，能使人长时间保持精力集中，让孩子更聪明。
·奶酪是牛奶浓缩后经过特殊工艺制作而成的，钙含量高。在给孩子制作三明治时可以适当添加以补充所需钙质。

做法

1. 虾洗净去掉虾线，取虾仁剁碎加入少许盐、淀粉拌匀腌制 10 分钟。
2. 鸡蛋加剩余盐打散。

3. 平底锅放油烧热，倒入鸡蛋液，煎至五成熟时，将碎虾仁下入，迅速翻炒至虾变色，即成滑蛋虾仁，盛出。
4. 面包片分别放上一片奶酪，放入烤箱180℃烤 5 分钟。

5. 将西红柿片和滑蛋虾仁依次放在一片奶酪面包片上。
6. 盖上另外一半奶酪面包片，对角切开即可。

"口袋"里的小秘密

土豆滑蛋口袋三明治

15分钟

简单

功效：
补钙

主要营养素：
钙、维生素、蛋白质

口袋三明治在孩子的早餐菜单中永远也不会过时。它不仅口味多变，而且有趣的造型也会让孩子们忍不住想咬上一口，探索"口袋"里究竟藏着什么样的小秘密。这款经典的蛋奶搭配的早餐简单里透着小惊喜。

用料

吐司.....................2 片
奶酪片..............2 片
鸡蛋.....................2 个
牛奶.................30ml
土豆.................100g
橄榄油...............10ml
沙拉酱..............少许

★ ★ ★ 早餐小心思 ★ ★ ★

这款三明治用的鸡蛋非常滑嫩，不需要煎得太熟，所以对鸡蛋的品质要求比较高，建议使用新鲜鸡蛋。

除了使用上述蛋奶配方，口袋三明治也可以使用各种果酱夹心。在不同的季节里，熬不同的果酱做成夹心三明治。

🍴 营养贴士

鸡蛋和牛奶所含有的蛋白质，奶酪所含的钙质，都能促进身体的生长发育，同时也可以为孩子日常活动提供充足的能量。土豆、吐司等碳水化合物与蛋、奶是常见的早餐搭配。

做法

1. 奶酪片分别放在吐司上，放入烤箱 170℃烤 5 分钟。

2. 鸡蛋加入牛奶打散并搅拌均匀，

3. 锅中放油烧热，倒入蛋奶液快速翻炒至凝固后盛起。

4. 土豆切小丁，用水焯熟，加入煎好的蛋奶块和沙拉酱拌匀，即成滑蛋土豆。

5. 吐司放入模具，中间铺上滑蛋土豆，盖上另外一片吐司。

6. 按压去边做成口袋吐司，对半切开给孩子吃即可。

鳕鱼贝果三明治

25分钟

简单

功效：
益智

主要营养素：
DHA（一种不饱和脂肪酸）、钙、维生素、蛋白质

特色 贝果面包的形状像甜甜圈，对孩子很具有迷惑性。但是贝果面包比甜甜圈健康得多，配上鳕鱼，是孩子早餐的完美选择。常吃可以健脑明目、增强记忆力、促进孩子脑部发育。

用料

贝果面包	1个
鳕鱼	200g
鸡蛋	1个
奶酪	1片
西红柿片	2片
洋葱圈	适量
生菜	2片
黑胡椒粉	少量
盐	1g

★ ★ 早餐小心思 ★ ★

蒸鱼的时候不要放盐或使用含盐分的蒸鱼汁，以免鱼肉中的水流失过多使鱼肉肉质变老，口感变差。

🍴🍴 营养贴士

·鳕鱼高蛋白、低脂肪，除了富含普通鱼肉含有的营养外，还含有人体所必需的维生素A、D、E等多种维生素，对成长中的孩子的大脑及身体发育非常有好处。

·常吃鳕鱼有益健康，但一次的量不宜过多；给孩子选择优质、无污染海域出产的鳕鱼，更安全放心。

做法

1. 将贝果面包横着切开成两半，底面铺上奶酪片，放入烤箱170℃烘烤5分钟。

2. 鳕鱼上锅蒸8分钟后，去掉皮和鱼骨，取出鱼肉。

3. 鸡蛋带壳煮熟，剥壳后切碎，将鸡蛋和鳕鱼肉、黑胡椒粉、盐拌匀。

4. 在贝果面包上依次铺上生菜、西红柿片、鳕鱼，最后放上洋葱圈，顶部盖上贝果面包即可。

大口吃蔬菜

"田园比萨"
三明治

15分钟

简单

功效：
补钙

主要营养素：
钙、维生素、蛋白质

用吐司做比萨，大大降低了家长们制作"比萨"的难度。只需要从冰箱拿出吐司，铺上酱料、奶酪丝、蔬菜，放入烤箱，就可以做出"比萨"。利用烤制的时间准备一杯饮品，一顿热腾腾、香气四溢的营养早餐就做好了。

特色

用料

吐司.................2 片
奶酪丝..............100g
小洋葱..............1 个
口蘑................2 个
玉米粒..............20g
青椒................100g
意大利番茄酱....20g
火腿丁..............适量

★ ★ 早餐小心思 ★ ★

可以使用不太辛辣的迷你小洋葱，一次用一个刚刚好。如果使用大洋葱一次用不完可以裹上保鲜膜放入冰箱冷藏。

🍴 营养贴士

· 奶酪补钙效果好，可以在给孩子做三明治时"见缝插针"地添加进去。
· 蔬菜可以根据不同时令进行调整变换，让孩子每天都有新鲜感。

做法

1. 洋葱洗净，切丁。口蘑洗净，切片。青椒去蒂，洗净，切圈。

2. 吐司上先涂上一层意大利番茄酱，再撒上 50 克奶酪丝。

3. 在撒有奶酪丝的吐司上，放入洋葱丁、玉米粒、火腿丁、青椒圈、口蘑片，最后再撒上剩余的奶酪丝，放置于烤盘里。

4. 烤箱预热，上火 200℃，下火 170℃，将烤盘放入烤箱烤 8 ～ 10 分钟即可。

"煎"出来的"甜点"

香蕉松饼

30分钟

中级

功效：
补钙、润肠通便

钙、维生素、钾

特色 香蕉松饼其实是蛋糕的一种，也是一道非常快手的人气早餐。由于加入了熟透的香蕉，它口感松软香甜，不需要额外添加糖或者蜂蜜等甜味剂，孩子就会非常爱吃。配上季节里的时令水果，一顿能量与营养兼备的早餐就完成了。

用料

熟香蕉...............1根
低筋面粉...........80g
牛奶.................120g
鸡蛋.................1个
泡打粉...............2g
盐.....................1g
草莓...............200g

★ ★ 早餐小心思 ★ ★

制作松饼对温度要求很高，可以放一条湿毛巾在一边，煎完一个让锅及时降温再煎下一个。

♨♨ 营养贴士

· 未成熟的香蕉中含有大量鞣酸，易导致便秘，成熟后鞣酸含量大大降低，所以选用表皮出现黑斑时的香蕉制作，成品口感甜度最好。未成熟的香蕉最好常温悬挂通风保存，不要放入冰箱以免表皮变黑。

· 香蕉含有多种维生素和微量元素，能增强孩子的抵抗力，保护视力，缓解压力，让孩子心情愉悦。

做法

1. 香蕉去皮切片，放入料理机。将准备好的牛奶、鸡蛋、盐也倒入料理机，盖上盖子，启动机器，搅打均匀，倒入大碗里。

2. 低筋面粉和泡打粉混合。将混合面粉筛入香蕉牛奶糊里。

3. 用手动打蛋器翻拌均匀，直到面糊无干粉，呈现滴落有纹理的状态。

4. 不粘锅烧热，舀一勺面糊放入锅中，摊成圆形。

5. 小火煎熟，至松饼微微出现气孔后，就可以用铲子翻面，煎至颜色均匀、熟透即可。

6. 重复制作直至面糊用完，将煎好的松饼分别摞起，放上洗净切开的草莓即可。

浪漫的法式风情

草莓可丽饼

30分钟

简单

功效：
补钙

主要营养素：
钙、维生素、碳水化合物

可丽饼和法式面包一样，代表了法国独有的文化，也深受人们的喜爱。法国人甚至把每年2月2日定为"可丽饼日"，并举行庆典游行。这种极具平民特色的点心，甜甜的，透着奶香味，裹上水果，是孩子喜爱的美味。

用料

低筋面粉..........100g

鸡蛋.................1个

牛奶................250g

糖...................20g

奶油................15g

盐....................1g

草莓...............100g

巧克力酱............10g

黄油.................5g

糖粉................适量

★ ☆ 早餐小心思 ☆ ★

摊饼时，可以提前准备一条湿毛巾，每一次出锅前将锅放到准备好的毛巾上降温，装盘后再次放在炉子上准备做下一块。

可丽饼有咸、甜两种口味，除了放入甜口的水果，还可以放入包括鸡蛋、奶酪等在内的适合做成咸口的食材。

做法

1. 鸡蛋打散，加入糖、奶油、牛奶、盐，搅打均匀。

2. 分三次将低筋面粉筛入刚刚搅拌均匀的液体中，搅拌均匀至无干粉。

3. 将面粉糊过筛，得到更加细腻顺滑的面糊。

4. 平底锅烧热，放少许黄油，加热至化开后倒入一大勺面粉糊，拿起锅晃动至面糊覆盖锅底，摊成饼。

5. 煎至饼表面起泡后即可揭起，开始摊下一张。

6. 草莓洗净，去蒂对半切开，放入饼中包裹好，表面撒上糖粉，淋上少许巧克力酱，用草莓装饰即可。

"网红"小吃再上架

墨西哥鸡肉卷

25分钟

简单

功效：
补充蛋白质、护眼

主要营养素：
维生素、蛋白质、
碳水化合物

（不含面团静置和
腌鸡腿时间）

特色 在墨西哥，并没有一种小吃叫"墨西哥鸡肉卷"。墨西哥鸡肉卷其实是肯德基推出的产品。墨西哥鸡肉卷的下架一度令无数"粉丝"感到惋惜。如今在家也能给孩子还原"网红"小吃在我们记忆中的味道。

用料

面粉..................300g
酵母....................5g
盐....................适量
鸡腿....................1个
西红柿..............1个
生菜叶..............2片
鸡蛋....................1个
炸鸡粉..............20g
食用油.............25ml
蛋黄酱..............20g
黑胡椒粉.........少许

★ ☆ ★ 早餐小心思 ★ ☆ ★

烙饼的时间不用很长，时间长了，面饼就会硬，保留一定的水还是很有必要的。

饼皮一次可以多做一些，做好放凉后放入冰箱密封冷冻保存。吃的时候拿出喷少许清水后加热即可。

🍴 营养贴士

· 鸡肉油炸更香脆，但早餐要避免过于油腻，以免加重孩子肠胃负担，改用煎即可。

· 鸡肉属于高蛋白、低脂肪的肉，其中的蛋白质较容易被消化和吸收，为孩子提供能量。

· 鸡肉在肉类里维生素A含量较高，对孩子视力发育也大有益处。

做法

1. 将面粉、酵母、2g盐、15ml油、200ml水放入厨师机做成一个光滑的面团，盖上保鲜膜静置10分钟。

2. 面团搓成长条，分成大小均匀的面团，压成小的圆饼后，盖上保鲜膜再静置10分钟。

3. 在面案上撒上干面粉（分量外）防粘，将圆饼擀成直径25cm左右的圆薄饼。

4. 中火烧热平底锅，放入饼生坯煎制，有小气泡鼓起即可快速翻面，煎熟即可出锅。

5. 将鸡腿肉切成长条，加入适量盐、黑胡椒粉搅拌均匀，腌制15分钟。

6. 西红柿洗净，切片。生菜叶洗净，沥干水备用。

7. 将切好的鸡肉条放入打散的蛋液中，均匀裹上蛋液后蘸满炸鸡粉，放入平底锅煎熟。

8. 在饼中放上生菜叶、鸡肉条、西红柿片，挤上蛋黄酱，卷好后即可。

格子饼的"俘虏"

香橙华夫饼

10分钟

中级

功效：
补充维生素

主要营养素：
维生素、蛋白质、钙

（不含提前准备时间）

特色 早餐除了要精细，最好还能最大程度地节约时间，以便从容地面对一天的事务。一份水果华夫饼早餐里，主食的能量与水果的维生素搭配相得益彰，用它们再配上一杯热饮就再好不过了。外形、营养、口感不仅"俘虏"了"大朋友"的胃，更让小朋友从此爱上早餐。

用料

高筋面粉.......... 250g
低筋面粉............ 50g
糖.................... 25g
黄油.................. 25g
盐...................... 2g
鸡蛋.................. 1个
牛奶................ 50ml
橙汁................ 50ml
橙皮.................. 20g
酵母.................. 50g
新鲜水果........ 200g
食用油................ 5g

❋★ 早餐小心思 ★❋

如果将酵母改为泡打粉，那就不需要隔夜，只要多加30%的牛奶就可以了。所有材料调成面糊，倒入模具烘烤至上色即可。

烤好的华夫饼吃不完，可以冷却后密封放入冰箱冷冻，吃之前取出回温，再喷水放入烤箱加热即可。

🍴 营养贴士

橙子很适合加入各种早餐食物中调味。虽然在加热过程中维生素有所流失，但果香四溢，能够提神醒脑，很容易激发孩子们的食欲。

提前准备

1. 将橙皮用盐(分量外)搓洗干净，制成橙皮屑。

2. 黄油、糖隔热水化开，加入牛奶、橙汁、橙皮屑和鸡蛋，搅打均匀。

 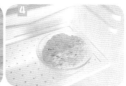

3. 将面粉、酵母、盐混合，倒入搅打好的液体，揉成光滑的面团。

4. 盖上保鲜膜，发酵约40分钟，待面团发酵为原来两倍大时，再次揉面后盖上保鲜膜，放入冰箱冷藏一晚。

5. 第二天早上取出面团，室温下回温15分钟，再次揉匀后分成若干小面团，

6. 华夫饼模具预热，刷少许食用油，放入小面团。

7. 盖上模具，上下翻转烘烤1～2分钟。烘烤上色后华夫饼自动脱模，依次把所有的面团做完。将成品放入冰箱冷冻。

做法

1. 第二天早晨将回温的饼放入烤箱加热，装盘后放入洗净切好的时令水果即可。

快得有营养

鲜虾小比萨

⏰ 20分钟

🍭 简单

功效：
补钙、益智

主要来源：
钙、蛋白质、维生素

（不含提前准备时间）

特色 作为源自意大利的美食，比萨可以说已经超越了语言与文化的障碍，成为全球流行的美食，受到各国消费者的喜爱。这种带有异域风情的美食，也是中国孩子餐桌上受欢迎的营养早餐。

🍴 营养贴士

· 虾的营养价值极高，易于孩子消化，能增强人体的免疫力，尤其海虾中含有多种脂肪酸，能使人长时间保持精力集中，让孩子更聪明。

· 海虾还富含碘质，是非常适合孩子吃的海鲜类产品。

高筋面粉.........300g

橄榄油.............15g

酵母................3g

砂糖...............10g

盐...................4g

西红柿...........400g

洋葱...............200g

大蒜................2 瓣

奶酪粉............10g

盐...................4g

新鲜罗勒.........50g

鲜虾..............100g

口蘑................5 个

奶酪丝............适量

★ ★ 早餐小心思 ★ ★

制作面团的时候，食材中的盐
会抑制发酵，所以酵母不要和
盐有直接的接触，以免影响发
酵效果。

比萨的饼皮和西红柿酱可以一
次多做一些，分别放入冰箱冷
冻室和冷藏室保存，随吃随取。

前一晚准备

1. 将高筋面粉、橄榄油、酵母、砂糖、盐
   放入厨师机内，加 150ml 清水，做成
   光滑的面团。

2. 面团盖上保鲜膜醒发 20 分钟，分割成
   适当大小，放入容器内盖上保鲜膜，冷
   藏 1 小时。

3. 将面团取出，蘸少许高筋面粉（分量外），
   擀成圆形薄饼，按成中间薄、边缘厚的圆饼，
   用叉子均匀地在饼上扎满小孔，冷冻保存。

4. 西红柿切碎，一半洋葱切末，大蒜切末，罗
   勒洗净切碎。锅中放少许橄榄油（分量外），
   放入少许洋葱末、大蒜末炒香后加入西红柿
   炒出汁，加入少许盐（分量外）和罗勒碎，
   小火熬煮 20 分钟，加入奶酪粉，西红柿酱
   就制作完成了。

做法

1. 第二天，鲜虾取虾仁后切碎，口蘑洗净切片，
   剩余洋葱洗净切末，比萨饼皮从冰箱取出。

2. 烤盘刷少许油（分量外），将比萨饼放入烤
   盘，均匀抹上一层西红柿酱。

3. 将奶酪丝撒在饼皮上，铺上虾仁、口蘑、洋
   葱，再次撒上奶酪丝。

4. 烤箱上火 250℃，下火 100℃，烤 8 ~ 10
   分钟取出即可。

快餐也能吃出健康来

香煎猪排汉堡

30分钟

高级

补充能量

蛋白质、钙、维生素

特色 于孩子而言，外面快餐店的汉堡包总是充满了诱惑力。为保证卫生，控制热量的摄入量，妈妈们都会亲自动手，严把质量关。在家做出的香煎猪排汉堡，让孩子早餐吃得满足，也吃得健康。

用料

汉堡面包...........1个
猪里脊肉.........200g
西红柿.............2片
奶酪片.............2片
生菜叶.............1片
沙拉酱.............20g
鸡蛋.................1个
面粉...............100g
淀粉................50g
面包糠............200g
黑胡椒粉........少量
盐..................2g
糖..................5g
食用油............30ml
洋葱片............适量

✖ ✖ 早餐小心思 ✖ ✖

奶酪化开之后味道会变得浓
郁,和面包一起放入烤箱,或
者趁猪排很烫的时候利用热气
软化奶酪,会让味道变得香浓
可口。

汉堡面包可以一次性多买几
个,密封后放入冰箱冷冻保存,
用的时候喷上少许水,放入烤
箱加热即可。

🍴 营养贴士

· 猪肉含有丰富的B族维生
素,可以让孩子精力充沛。
· 猪肉纤维较为细软,结缔组
织较少,里脊是最嫩的部位,
孩子吃了容易消化吸收。

做法

1. 将猪里脊肉两面都用刀背拍一拍,再放入少
   许盐和黑胡椒粉、糖拌匀,腌制10分钟。

2. 面粉和淀粉混合均匀,鸡蛋加剩余的盐打散,
   面包糠倒入大盘子里铺好。

3. 腌好的肉片放入混合面粉中,拍上薄薄一层
   粉,再裹蛋液,最后裹上一层面包糠。

4. 锅中放油,放入猪排煎熟至两面金黄,捞起
   后用厨房纸巾吸去多余油分。

5. 汉堡面包从中间切成两半,铺上奶酪片之后
   放入烤箱,170℃烤5分钟。

6. 烤好的汉堡面包依次放上生菜叶、洋葱片、
   西红柿片、炸猪排,最后挤上沙拉酱,再盖
   上另一片面包即可。

很自然就很美味

紫薯"和果子"

30分钟

简单

功效:
润肠通便

主要营养素:
花青素、蛋白质、维
生素、膳食纤维

和果子是以糖、糯米等为主要原料制成的日式甜点。糖和不易消化的糯米，并不适合孩子食用，所以这次做的"和果子"用紫薯为原料。做这款早餐的初衷是让孩子在愉快氛围中多吃粗粮。

用料

紫薯.................400g
麦芽糖...............20g
黄油.................20g
牛奶.................50ml
蜜红豆...............50g

★ ★ 早餐小心思 ★ ★

紫薯泥也可以不用料理机搅打，可以用较为细密的网筛过筛。如果过筛时用勺子用力沿着筛网按压，可以免去炒干的步骤。

🍴 营养贴士

· 紫薯本身是甜的，用麦芽糖代替普通白糖不仅可以增加甜味，还能够起到润肺、养脾胃的作用。
· 紫薯含有大量的膳食纤维，给孩子适量吃一些，能够预防便秘。

做法

1. 紫薯洗净，带皮放入蒸屉，大火蒸20分钟。
2. 蒸熟的紫薯去皮，趁热放入麦芽糖、黄油，搅拌均匀成紫薯泥。

3. 紫薯泥放入料理机，加入牛奶打均匀。
4. 紫薯泥放入不粘锅，小火炒至水稍微蒸发，紫薯泥即可成团。

5. 分成大小相同的圆球，中间捏一个小洞包入蜜红豆。
6. 收口后用准备好的棉布把薯团包住，用虎口捏住束口，形成自然的褶皱，打开后放入盘子即可。

鸡汁土豆泥

20分钟

简单

功效：
润肠通便

主要营养素：
膳食纤维、维生素、钙、钾

特色 土豆在中外饮食中都是最为常见的食材，也是做法最多的食材。土豆泥在西餐中广受欢迎，鸡汁为简单的土豆泥赋予了一种全新的味道。成品不但口感更加香滑软糯，而且内容更为丰富，非常适合小孩子的口味。

用料

土豆.................. 500g
鸡高汤............. 200ml
牛奶.................. 50ml
盐........................ 2g
黑胡椒粉.......... 少许
淀粉.................... 5g
黄油.................. 少许

★★★ 早餐小心思 ★★★

做土豆泥选用黄心土豆口感更好，绵润。白心土豆更适合小炒，脆爽。

土豆品质不同，做的土豆泥需要根据自己的喜好调整牛奶的量。

将鸡骨、鸡腿放入电饭煲进行煲制，制成鸡高汤。做好的汤分份放入冰箱冷冻，使用的时候拿出化冻即可，营养丰富，味道鲜美。

🍴 营养贴士

· 土豆含有大量淀粉，并且还富含膳食纤维，不会刺激肠胃而且能够产生饱腹感，为孩子提供充足能量。
· 鸡汤内的微量元素非常丰富，在日常食物中适量添加，可以促进孩子骨骼的健康发育。

做法

1. 土豆去皮洗净，上锅隔水蒸至熟透，放入大碗里，趁热放入黄油、盐、黑胡椒粉，用工具压碎。
2. 倒入牛奶，将所有食材搅拌均匀。

3. 用冰激凌勺子将土豆泥挖成球状。
4. 鸡高汤过滤掉固体物，放入锅里烧开。

5. 用淀粉和 100ml 清水做成水淀粉后倒入加热的鸡汤里，制成稍厚重的鸡汁。
6. 将鸡汁淋在挖好的土豆泥上即可。

脆谷乐谷物
牛奶燕麦

5分钟

简单

功效：
补钙

主要营养素：
维生素、矿物质、
膳食纤维、钙

看欧美家庭剧，经常能够看到家长早餐给孩子倒上一碗脆谷乐，再浇上牛奶的场景。这就是脆谷乐早餐。它之所以大受欢迎，不仅是因为它美味，也是因为它容易做，存取方便，是匆忙的早晨孩子营养早餐的备选之一。

用料

脆谷乐...............50g
牛奶...............200ml
香蕉...................1根
蓝莓...................100g

★ ★ ★ 早餐小心思 ★ ★ ★

脆谷乐的品牌种类很多，选择天然谷物制作、无添加的即可。也要尽量避免给孩子吃过多含糖的食物，以免破坏味觉，影响孩子食欲。

🍴 营养贴士

·除了草莓、香蕉、蓝莓、树莓等水果，也可以加入适量的碎坚果，营养全面，口味更佳。
·除牛奶外，泡脆谷乐也可以使用酸奶、豆奶、果蔬汁等。

做法

1. 将脆谷乐倒入一个大碗中。
2. 倒入牛奶和脆谷乐搅拌均匀。

3. 香蕉去皮，切片。蓝莓洗净，擦干水。
4. 水果放入脆谷乐中，即可给孩子吃。

蔬菜鸡肉肠

30分钟

高级

功效：
补充蛋白质

主要营养素：
蛋白质、维生素、
碳水化合物

特色 随着孩子成长，他们将对快餐食品尤其是肉类快餐食品表现出浓厚的兴趣，但市售的肉肠有添加剂总会让家长不放心。自己动手做，放心，干净，加入对孩子有益的食材，让孩子在一饱口福的同时，获得更多充足的营养。

鸡胸肉............. 300g

玉米粒.............. 50g

胡萝卜............. 200g

西蓝花............. 50 克

淀粉................... 35g

蚝油..................... 3g

胡椒粉........... 少量

盐........................ 2g

细砂糖.............. 1 勺

食用油............. 5ml

★ ★ 早餐小心思 ★ ★

肉泥挤入肉肠模具中，可能
会产生空隙，可以适当摔打
让肉泥填满空隙，做出的肉
肠更完整好看。

蔬菜的种类根据季节时令更
换，鸡肉中可以适当添加虾
肉等。

鸡肉肠一次可以多做一些，
蒸好放凉后放入冰箱密封冷
冻保存；加热后可以夹在面
包、卷饼里做热狗，也可以
蘸番茄酱直接吃。

做法

1. 西蓝花洗净，撕成小朵后切碎。胡萝卜去皮
   洗净，切小丁。两者和玉米粒一起焯水后捞
   起沥干多余水分后，放入料理机搅碎盛出。

2. 将鸡胸肉洗净切丁，加入淀粉、蚝油、胡椒
   粉、盐、细砂糖、食用油和 10ml 冰水，用
   料理机打成肉泥。

3. 将蔬菜玉米碎放入肉泥中拌匀。

4. 将拌匀的材料装入裱花袋中。

5. 将裱花袋里的材料均匀挤入肉肠模具中，整
   形平整后，盖好盖子。

6. 蒸锅加水，用大火烧开，放入模具蒸约 20
   分钟出炉，放温后即可给孩子食用。

PART 4

热情洋溢的
儿童粥与汤

孩子的早餐配一碗热粥或者热汤，能够起到"唤醒"肠胃的作用。对 4 ~ 12 岁的孩子而言，粥和汤中用到的材料可以根据颗粒大小按从小到大的顺序添加，这对锻炼孩子吞咽和咀嚼能力也大有好处。

我们在这个章节的粥和汤中，针对孩子脾胃，添加了山药、薏米、芡实、莲子肉、茯苓、陈皮等食材。粥和汤烹煮所需要的时间较长，但现在有预约功能的电饭锅、电炖锅等工具，可以帮助家长们提前、快速熬一碗香浓好粥，在匆忙的早晨节省时间，省时省力，营养、美味两不误。

健脾养胃好周到

二米粥

5分钟

简单

（不含煮制时间）

功效：
健脾养胃

主要营养素：
维生素、蛋白质、铁

特色 中国古代就有"一谷补一脏"的说法，其中小米是五谷之首，富含维生素，具有防止消化不良、滋养脾胃的功效；而大米滋阴润肺，在孩子出现肺热、咳嗽等症状时吃，有很好的缓解作用。

用料

大米..................100g

小米.................. 50g

营养贴士

· 洗米时不要用手搓，不要长时间浸洗或用热水淘米，以免营养流失。

· 小米的维生素含量位居常见的粮食的前列。维生素在碳水化合物的消化过程中起着关键的作用，可促进孩子的新陈代谢。

做法

1. 大米和小米用清水淘洗干净。

2. 洗净后的米放入电饭煲内。

3. 电饭煲内加适量清水，开启煮粥模式。

4. 煲至粥黏稠时盛入碗内，放温后即可食用。

清热祛湿有妙招

红豆薏米粥

功效：
祛湿

主要营养素：
维生素C、维生素E、
矿物质

⏰ 10分钟

🍭 简单

（不含煮制时间）

特色 薏米含有多种维生素和矿物质，和红豆是一对好搭档，一起
煮粥有清热祛湿的功效。湿气重的孩子坚持吃上一段时间，
体内湿气重的问题能得以缓解，睡眠质量也可以提升。

用料

薏米...................50g

红豆..................100g

干红枣...............2 颗

做法

1. 干红枣洗净，去掉枣核备用。

2. 薏米和红豆用清水清洗干净。

3. 将所有食材放入电饭煲内，加入 1500ml 清水，开启预约煮粥模式。

4. 早晨将煮好的粥盛入碗内，放温后即可食用。

养胃养生蔬果王

南瓜枸杞大米粥

10分钟

简单

（不含煮制时间）

功效：
润肠通便、防积食

主要营养素：
胡萝卜素、维生素、锌

特色 南瓜含有丰富的氨基酸、可溶性纤维、叶黄素和磷、钾、钙、镁、锌、硅等微量元素，堪称蔬果营养大王。口感香甜的南瓜逐渐成为更多家庭的餐桌主角。

用料

大米.................100g
南瓜.................200g
枸杞.................少许

做法

1. 将南瓜去皮去瓤，切成小块。
2. 大米淘洗干净，枸杞清洗干净。

3. 将食材一起放入电饭煲，加 1500ml 清水，
   开启煮粥模式。
4. 煲至粥黏稠时盛入碗内，放温后给孩子食用。

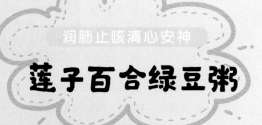

润肺止咳清心安神

莲子百合绿豆粥

⏰ 5分钟

❋ 简单

（不含煮制时间）

功效：
清热祛火餐

主要营养素：
蛋白质、碳水化合物、
钙、镁

特色 这款粥含有莲子、百合、绿豆，从食材来看这就是一款很"夏天"的粥。天气炎热，孩子容易食欲减退。绿豆、莲子，不仅营养丰富，而且有清热解毒、增进食欲的功效，而百合清心安神，这三者一同煮粥能够解夏秋季节的燥热。

用料

大米..................100g

绿豆..................50g

莲子..................20g

干百合...............20g

莲子、百合可使用风干的，易于存取。夏秋季节可以购买新鲜食材，减少熬煮的时间，成品是另外一种风味。

营养贴士

喜欢吃甜食的孩子，可以放些麦芽糖代替糖调味，有润肺止咳的功效。

做法

1. 干百合、莲子、绿豆、大米用清水淘洗干净。

2. 将食材一起放入电饭煲。

3. 电饭煲内加 1500ml 清水，开启预约煮粥模式。

4. 早晨将煮好的粥盛入碗内，放温后给孩子食用。

包罗万象的小年味

腊八粥

功效：
健脾养胃、补充蛋白质

主要营养素：
碳水化合物、蛋白质、膳食纤维

10分钟

简单

（不含煮制时间）

特色 过了腊八就是年，一锅热气腾腾的腊八粥，是春节的序曲。几乎有华人的地方就会有腊八粥。它的用料、甜咸口味也因为天南海北的地区差异而略有不同，制作者可以根据自己家里的储备情况自由调节。

用料

香米.....................30g

糯米.....................30g

紫米.....................30g

黄米.....................30g

红豆.....................10g

绿豆.....................10g

花生..................... 5g

枸杞..................... 5g

桂圆肉................. 5g

核桃..................... 5g

百合..................... 5g

葡萄干................. 5g

干红枣...............5 颗

★ ★ 早餐小心思 ★ ★

较大颗粒的坚果如核桃、板栗、花生需切碎使用。红枣需要去核，桂圆肉也要去核，避免儿童食用时发生窒息的情况。

营养贴士

· 五谷杂粮是优质的碳水化合物和蛋白质来源。我们在给孩子煮粥时食材要尽可能丰富，以满足他们对能量和营养的需求。
· 腊八粥里应该包含谷物、豆类、坚果等食材，在这个基础上可以根据实际情况增减食材数量。

做法

1. 提前一晚将所有食材用清水淘洗干净。

2. 干红枣洗净去除枣核。

3. 核桃仁、花生仁用刀切碎。

4. 将所有食材放入电饭煲内。

5. 电饭煲内加足量清水，开启预约煮粥模式。

6. 早晨将煮好的粥盛入碗内，放温后给孩子食用。

红枣黑米粥

功效：
补血、健脾、养胃

主要营养素：
维生素、胡萝卜素、矿物质

🕐 10分钟

🍭 简单

(不含浸泡时间)

特色 民间有"逢黑必补"的说法。黑米熬制的粥清香油亮、软糯适口，具有很好的滋补作用和补血效果，所以也被称为"补血米"；而红枣可以提高人的免疫力，两者熬制口感好，而且可以养肾补肝让孩子有好气色。

用料

黑米..................100g
花生米...............50g
干红枣...............5 颗

做法

1. 干红枣洗净去除果核，切碎备用。
2. 花生米清洗干净，用刀切碎备用。

3. 黑米淘洗两遍，清洗干净。
4. 所有材料放入电饭煲内。

5. 电饭煲内加 1500ml 清水，开启预约煮粥
   模式。
6. 早晨将煮好的粥盛入碗内，放温后给孩子
   食用。

促进肠道蠕动

红薯大米粥

10分钟

简单

（不含煮制时间）

功效：
润肠通便

主要营养素：
膳食纤维、维生素、
胡萝卜素

特色 冬季的大街上弥漫着烤红薯甜丝丝的香气，路过的孩子都会被吸引。红薯含有丰富的膳食纤维、胡萝卜素、维生素以及多种微量元素，不仅能补充营养，更有助于润肠通便，保持肠道健康。

用料

红薯.................. 200g
大米.................. 100g

红薯和紫薯不建议生食，尤其给孩子吃的时候更应该煮透，让所含淀粉经过高温破坏，这样更容易被消化吸收。

营养贴士

· 红薯含有丰富的膳食纤维，给孩子吃可预防便秘，保持肠道通畅舒适。

· 可以把红薯替换为紫薯。除了包含红薯的营养外，紫薯所含的花青素能够清除人体自由基，提高孩子身体免疫力。

做法

1. 将红薯洗净去皮，切成小块。
2. 大米用清水淘洗干净。

3. 将红薯和大米一起放入电饭煲，加 1500ml 清水，开启煮粥模式。
4. 粥熟后盛入碗内，放温后给孩子食用。

朴 素 中 国 风

绿豆玉米糁粥

功效：
清凉祛火、润肠通便

主要营养素：
膳食纤维

10 分钟

简单

（不含煮制时间）

特色 玉米糁就是玉米碾碎制成的较粗的颗粒状食物，其中所含的膳食纤维可以润肠通便。玉米和绿豆熬粥，口味清淡，清凉又去火。

用料

玉米糁子...........100g

绿豆..................... 50g

玉米糁和绿豆都比较硬，可以
提前一晚，用清水浸泡放入冰
箱冷藏，这样可以减少熬煮的
时间。

做法

1. 玉米糁子和绿豆用清水淘洗干净。

2. 将绿豆和玉米糁子放入电饭煲。

3. 加入适量的清水，开启煮粥程序。煮粥期间
   可以用饭勺搅拌几次。

4. 粥煮好后，放温后给孩子吃即可。

♨ 营养贴士

玉米营养全面丰富，其中含
有较多的谷氨酸，能够促进
孩子脑部和内分泌系统的
发育。

药食同源补气通便

山药红薯粥

功效：
润肠通便、健脾养胃、益智

主要营养素：
氨基酸、膳食纤维、维生素

10分钟

简单

（不含煮制时间）

特色 山药药食同源的特性，让它随处可见，清炒、煲汤、涮火锅、煮甜汤……人们对它的喜爱，不仅在于它口感或清脆爽利，或绵软细嫩，更在于人类所需要的氨基酸，在山药里大部分都可以找到，足见其可贵之处。

用料

大米.................100g

红薯.................100g

铁棍山药..........100g

★ ★ 早餐小心思 ★ ★

新鲜的铁棍山药口感较好，但
是削皮的时候要戴上手套，尽
量避免山药黏液造成过敏。

干山药方便存放和使用，但一
定要甄别，选择天然晾晒的，
没有经过硫黄熏的。去正规大
药房购买为好。

营养贴士

山药中的胆碱和卵磷脂有助
于提高记忆力，孩子常吃更
聪明。山药和红薯都含有丰
富的膳食纤维，对防止和改
善便秘有很好的效果。

做法

1. 将红薯、山药分别洗净去皮，切成滚刀块。

2. 大米用水淘洗干净，去除表面浮尘。

3. 食材全部放入电饭煲，加入 1500ml 清水，
   开启煮粥功能。

4. 煮粥完成，盛出放温后给孩子吃即可。

重启脾胃功能

山药薏米芡实粥

⏰ 10分钟

🍭 简单

功效：
健脾养胃、祛湿

主要营养素：
蛋白质、膳食纤维、钾

（不含浸泡、煮制时间）

特色 很多时候孩子不爱吃饭并不是因为挑食，而是因为生活、饮食习惯不好造成体内湿气重，进而导致脾胃功能下降，才不爱吃饭的。脾胃功能下降，就是通常说的"吃饭不香"。想要祛湿先养好脾胃，用山药、薏米、芡实、大米、枸杞煮粥可补足精气神。

用料

铁棍山药............50g
芡实................20g
薏米................20g
大米...............100g
枸杞...............少许
麦芽糖.............10g

★ ★ 早餐小心思 ★ ★

芡实、薏米都不太好煮熟，需
要提前浸泡。

除了直接熬粥，也可以将炒熟
的干山药、薏米仁、芡实打成
粉末备用，每次取一两匙，放
入大米或者小米粥中，方便孩
子食用。

🍴 营养贴士

铁棍山药是怀山药中的珍品，
也是补气健脾效果最好的品
种。强健孩子脾胃，首选铁
棍山药。

做法

1. 将薏米、芡实、大米淘洗干净用清水浸泡放
   入冰箱冷藏一晚。

2. 第二天，将山药洗净去皮，切滚刀块。

3. 将麦芽糖之外的食材放入电饭煲，加入
   1500ml清水，开启煮粥功能。

4. 完成煮粥后盛出粥，放麦芽糖调味，放温给
   孩子吃即可。

白萝卜丝
皮蛋瘦肉粥

15分钟

简单

（不含煮制时间）

功效：
止咳化痰、防积食

主要营养素：
钙、蛋白质、膳食纤维

特色 皮蛋在国外，属于榜上有名的"来自中国的黑暗料理"，但在国内却非常受欢迎。这道粥虽然只放少量的肉，但是非常鲜美，比白粥有味道，又比海鲜粥容易处理，最适合无肉不欢的孩子。

用料

大米.....................100g

糙米.....................20g

皮蛋.....................60g

牛肉丝.................100g

白萝卜.................200g

姜...........................5g

香葱.....................2 根

盐...........................2g

食用油...............10ml

做法

1. 提前一晚将大米、糙米清洗干净，放入电饭煲里加入 1500ml 清水，开启预约煮粥功能。

2. 第二天，把姜擦成姜蓉，和盐一起放入牛肉丝中抓匀。

3. 白萝卜洗净去皮，切丝。皮蛋切成小丁。香葱洗净，切成葱花。

4. 锅中放油烧热，放入腌制好的牛肉丝，翻炒至肉变色。

5. 锅中加入葱花和萝卜丝翻炒均匀。

6. 将炒好的白萝卜牛肉丝和皮蛋块放入已煮至黏稠的粥中搅动均匀，继续煮 5 分钟即可。

核桃燕麦粥

10分钟

简单

（不含煮制时间）

功效：
润肠通便、益智

主要营养素：
钙、磷、铁、不饱和脂肪酸

特色 核桃燕麦粳米粥是一道简单的家常粥，熬出来的粥糯而稠。因为加入了有"万岁子""长寿果""养生之宝"之称的核桃，以及富含膳食纤维、具有清理肠道垃圾作用的燕麦片，所以这道粥特别适合早餐食用，可以补充水和营养素。

用料

燕麦米...........30 克
大米.............100 克
核桃................2 个

做法

1. 将核桃去壳，核桃仁切成细丁。
2. 大米和燕麦米淘洗净，和核桃丁一起放入电饭锅内。

3. 往电饭煲里加 1500ml 清水，开启预约煮粥功能。
4. 第二天一早煮粥程序结束，盛出放温给孩子食用即可。

水果甜粥

10分钟

简单

（不含煮制时间）

功效：
止咳清肺、预防感冒

主要营养素：
蛋白质、氨基酸

特色 水果粥美味又健康，酸酸甜甜是孩子们的挚爱。选择什么样的水果来煮粥？除了根据自己口感的喜好确定外，还要依据水果的性质来定。一般情况下，日常要选择苹果、山楂类性味甘平的水果。

用料

大米..................100g

苹果..................100g

梨.....................100g

陈皮..................5g

枸杞..................少许

★ ★ ★ 早餐小心思 ★ ★

可根据季节选不同的水果。水果容易氧化，所以最好切开后马上使用，而且不宜长时间煲煮。

营养贴士

· 梨具有清肺养肺的作用，陈皮有止咳功效。在秋冬流感季节，在粥里添加这两种食材，可润肺止咳，预防感冒。

· 水果本身有甜味，不需要再加糖，让孩子养成少吃甜食的习惯，可降低孩子成年后患肥胖病、糖尿病的风险。

· 酸甜度不同的水果搭配使用，煮出的粥酸酸甜甜很开胃，可刺激孩子食欲。

做法

1. 将大米、陈皮、枸杞淘洗干净放入电饭煲中。

2. 电饭煲中加入 1500ml 清水开启煮粥功能。

3. 将苹果、梨洗净去皮，切小块备用。

4. 大米粥煮熟后，将苹果块、梨块加入，继续焖煮 5 分钟即可。

这道粥有点"名"堂

美龄粥

功效：
润肠通便、健脾养胃

主要营养素：
膳食纤维、钙、镁

10分钟
简单

（不含煮制时间）

特色 美龄粥属南京风味。据说有段时间宋美龄女士茶饭不思，于是府里的大厨用香米和豆浆熬了一锅粥，宋美龄喝了胃口大开，后来它就成了她钟爱的一道粥。这道粥也由此得名。浓郁的豆浆、软糯的大米和山药煮成的粥，真的是超级养人。

用料

大米..................... 50g
糯米..................... 20g
铁棍山药.......... 200g
黄豆..................... 50g
麦芽糖............... 5g

★ ★ 早餐小心思 ★ ★

选用有滋补功效的铁棍山药。压成泥的时候留点小块，吃的时候有少许颗粒感更好。如果孩子喜欢的话，还可以加入莲子、百合之类的食材一同熬煮。

🍴 营养贴士

豆浆营养非常丰富，且易于消化吸收。但未煮熟的豆浆有毒，必须在煮沸腾后，再煮10分钟，有害物失去活性后再饮用才安全。

前一晚准备

1. 提前一晚将黄豆洗净，加清水放入冰箱中冷藏浸泡过夜；大米和糯米混合淘洗干净，放入冰箱中冷藏浸泡过夜。
2. 第二天将黄豆放入豆浆机中加 1500ml 清水磨成豆浆，过滤备用。

做法

1. 过滤好的豆浆倒入电饭煲中，再将浸泡好的大米沥干倒入豆浆中，一同煲煮 20 分钟。
2. 山药洗净蒸熟后去皮，用勺子压成粗泥状。

3. 将山药泥加入电饭煲里，继续熬煮 5 分钟。
4. 熬至所有食材软糯、黏稠，盛出放温用麦芽糖调味即可。

中国式传统高汤粥

香菇扇骨青菜粥

🕐 20分钟

🍭 简单

（不含煮制时间）

功效：
补钙、补充膳食纤维

主要营养素：
磷酸钙、蛋白质、维生素

特色 扇骨是猪的后背上肩膀下面的那块骨头。它可以说是中国老百姓常用的煲汤食材，不仅营养丰富，营养成分容易被吸收，而且特别适合给成长中的儿童食用，做成的粥汤的味道也格外鲜美。

用料

扇骨.................500g
大米.................100g
香菇.................8 朵
小油菜...............80g
姜片.................4 片
盐...................2g

扇骨杂水，要凉水下锅，这样
能将骨头中的杂质和血水慢慢
煮出来，最后煮出的汤更干净。

很多时候扇骨都会剁成块来
煮，为了避免碎骨头混入粥里，
孩子吃的时候卡喉，过滤的步
骤必不可少。

煮好的高汤可以分成几份冷冻
备用，用的时候提前一天在冰
箱冷藏室里解冻。

🍴 营养贴士

猪骨除含蛋白质、脂肪、维
生素外，还含有大量磷酸钙、
骨胶原、骨黏蛋白等。

前一晚准备

1. 提前一晚，将扇骨洗净。凉水下锅，放入两
   片姜片大火煮开后再煮 5 分钟，撇去浮沫后
   捞出。

2. 扇骨冲洗干净浮沫后，重新放入电饭煲，加
   入两片姜和足量的清水，开启煲汤功能。

3. 煲汤结束后捞出扇骨，过滤掉骨渣即成高
   汤。高汤放凉后放入冰箱冷藏。

做法

1. 第二天，将香菇洗净切碎，大米淘洗干净，
   和高汤一起放入电饭煲，开启煮粥程序。

2. 小油菜洗净切碎，粥煮好前 5 分钟放入锅内。

3. 放盐调味，盛出放温给孩子食用即可。

鱼片粥

20分钟

中级

（不含提前准备和
煮制时间）

功效：
补钙、益智、护眼

主要营养素：
DHA、不饱和脂肪酸、
钙、蛋白质

特色 鱼肉含有丰富的DHA，有利于孩子智力和视力的发育。鱼
骨同样含有丰富的不饱和脂肪酸，能够帮助激活脑细胞，增
强孩子记忆力和思维能力，让孩子更聪明。

鱼头和鱼骨...... 250g

鱼肉片............. 100g

大米................. 100g

芹菜................. 50g

食用油............. 20ml

香油................. 少许

姜片................. 10g

盐..................... 2g

特殊工具

棉纱布 1块

⋆ ⋆ 早餐小心思 ⋆ ⋆

鱼头、鱼骨要用油煎过，并用开水煲煮，才能煮出白花花的鱼汤。鱼头、鱼骨可以用洗干净的棉纱布套住，和大米一起加水熬粥，这样节省熬煮的时间。

营养贴士

鱼肉不仅含有大量的蛋白质，还含有磷、钙、铁等物。孩子常吃鱼肉能够补钙、健脑。

前一晚准备

1. 鱼骨斩段，鱼肉片用镊子择干净鱼刺备用。

2. 锅中放油烧热，将鱼头、鱼骨下锅煎至两面金黄。

3. 将煎好的鱼头和鱼骨放入电饭煲，放入少许姜片，倒入足量的开水，开启煲汤功能。

4. 汤熬制好后，用洗干净的棉纱布过滤备用。

做法

1. 将清洗后的大米放入过滤好后的鱼汤中开启煮粥模式。

2. 芹菜洗净，切碎备用。粥煮好，出锅前10分钟放入鱼肉片和芹菜碎。出锅前加入盐调味，滴入香油即可。

奶酪南瓜浓汤

30分钟

简单

功效：
补钙、润肠通便

主要营养素：
钙、蛋白质、膳食纤维

特色 奶酪是一种发酵的牛奶制品，含有丰富的蛋白质、钙、脂肪、磷和维生素等，因此被称为"奶黄金"。在早餐里适当添加奶酪，对孩子补钙、促进身体发育大有益处。

用料

南瓜.................300g
胡萝卜.............50g
芹菜.................50g
洋葱.................50g
牛奶.............250ml
奶酪片.............2片
食用油.............5ml
黑胡椒粉.........少量
盐.........................2g

★ ★ 早餐小心思 ★ ★

选南瓜的时候最好是选一些比较面和甜的南瓜。芹菜则要选用嫩西芹,打碎后渣少、口感顺滑。

有些搅拌机不可以搅拌热的食物,要等蔬菜凉下来再搅拌。

营养贴士

·用油炒本菜品中的蔬菜,不仅是为了加速蔬菜的软化,炒出香味,更是为了让南瓜和胡萝卜中的胡萝卜素这种脂溶性的营养素充分溶解。
·南瓜皮有丰富的膳食纤维,可以帮助排便。

做法

1. 南瓜洗净去籽,切小块。胡萝卜洗净去皮,切小块,洋葱洗净,切小块。芹菜洗净,切小段。

2. 锅里放油烧热,把洋葱先放入锅内煸炒出香味,然后加入南瓜、胡萝卜和芹菜煸炒至五成熟。

3. 加入牛奶和适量的清水至没过蔬菜,大火烧开后转小火煮至蔬菜熟透。

4. 汤稍冷却后放入食物料理机内打成糊。

5. 把蔬菜糊重新倒回锅里加热,加入奶酪片至化开。

6. 加入盐和黑胡椒粉调味,盛出后放温即可给孩子食用。

鲜到掉眉毛

菌菇鸡汤

50 分钟

高级

功效：
补充蛋白质

主要营养素：
蛋白质、不饱和脂肪酸、维生素

特色 这一款汤适合节假日制作。菌菇鸡汤以老母鸡和菌菇为主要食材，是秋冬进补时较多人的选择。现在厨房工具越来越先进，轻轻松松可以煲制一碗营养好汤。在寒冷的早晨，也能够让孩子喝上新鲜出炉的美味鸡汤。

用料

老母鸡.....半只（约200g）
菌菇..........................100g
枸杞..........................少许
干红枣.....................5颗
姜片..........................2片
醋 ....少许
盐..........................2g
食用油.....................10ml

做法

1. 将半只老母鸡切块，冷水下锅汆水，去除血
   水后，捞出冲洗干净，沥干。
2. 姜片洗净。干红枣洗净，去核。枸杞用清水
   洗净备用。

3. 菌菇去除根底杂质，洗干净，控干水备用。
4. 把鸡块放电饭煲，加足量清水。再加入少
   许醋和姜片。

5. 大火炖开锅后，撇去浮沫，再加入干红枣和
   枸杞，开启煲汤功能。
6. 汤熟前10分钟加入菌菇和盐，至煮熟即可。

营养丰富好消化

西红柿疙瘩汤

30分钟

简单

功效：
补充能量、预防感冒

主要营养素：
矿物质、膳食纤维

特色 疙瘩汤是北方家庭中常见的汤品，做法简单，但营养丰富全面。汤中的鸡蛋、西红柿里含有大量的维生素、矿物质以及膳食纤维，有助于增强孩子身体的免疫力，且面食类容易消化，更适合孩子的肠胃。

用料

西红柿..............200g
鸡蛋..................60g
面粉..................100g
小油菜..............2 棵
木耳..................10g
姜末..................5g
葱末..................5g
盐......................2g
香油..................1ml
食用油..............10ml

✦✦ 早餐小心思 ✦✦

搅湿面疙瘩时，水流尽可能小，少量多次添加，边添加边搅拌。这样做出的疙瘩小，疙瘩越小越薄，口感越好。疙瘩和鸡蛋液下锅后都要马上搅动，否则易粘连、结大块。

营养贴士

· 西红柿选择熟透的、饱满的、汤汁多的，这样才容易出味儿。先炒出红汁再加水，这样汤汁的味道才浓，孩子吃起来更有食欲。
· 面疙瘩细小，孩子更容易消化吸收。

做法

1. 木耳用温热水泡发，并择洗干净，切碎备用。
2. 西红柿洗净，在表面切十字焯烫去皮，然后去蒂切成块。

3. 鸡蛋打散搅匀备用，小油菜洗净切碎。
4. 面粉中一点点添加少量水，一边加水，一边用筷子沿碗边搓面粉，直至面粉全部搓成小面疙瘩。

5. 铁锅烧热，放入食用油加热，放入葱末和姜末爆香。下入西红柿块，大火翻炒至西红柿软烂出汁。
6. 加适量的清水，加入木耳碎，大火烧开，用筷子把面疙瘩向开水内拨入，并马上搅动，避免粘连。

7. 再次煮开后，加盐调味，下入油菜碎。
8. 倒入鸡蛋液，马上抄底搅动，形成薄薄的蛋花。滴入香油，关火出锅，放温后给孩子食用即可。

事半功倍补铁锌

牛肉什锦蔬菜汤

40分钟

简单

（不含煮汤时间）

功效：
补铁、补锌

主要营养素：
蛋白质、铁、锌

特色 铁是造血必需的物质，而锌则是促进生长发育的重要物质。孩子缺铁和锌会影响生长发育，所以很多家长都会有意识地为孩子补充这两种元素。牛肉中富含铁和锌，可以适量吃一些，但值得注意的是要和富含维生素C的食物一起吃才能事半功倍。

用料

牛骨.................. 250g

瘦牛肉.............. 50g

白萝卜.............. 100g

西红柿.............. 200g

芹菜.................. 50g

油菜.................. 2棵

葱段.................. 10g

姜片.................. 10g

香油.................. 1ml

盐...................... 2g

★ ★ 早餐小心思 ★ ★

白萝卜本身含有天然的辛味及甜味，和牛骨同煮可以消除汤的腥味，使汤更鲜美，使汤汁越煮越香醇。

营养贴士

·牛肉富含肌氨酸、B族维生素、铁、蛋白质等，对孩子增长肌肉、增强力量、提高免疫力等特别有效。

做法

1. 牛骨让商家剁成合适的段，清洗干净。白萝卜洗净，切成滚刀块。

2. 牛骨、白萝卜、葱段、姜片一起放入电饭煲，加入足量的清水，开启煲汤功能。

3. 煲汤完成后捞起牛骨、葱段、姜片，取一些备用。剩下的清炖牛骨汤放凉后按份密封，放入冰箱冷藏或冷冻。

4. 将瘦牛肉冲净干净后切末。芹菜切小段，油菜切丝，西红柿去皮切小块。

5. 烧一锅水，水开后将牛肉放入水中汆1分钟后捞出。

6. 在牛骨汤中加入牛肉、西红柿继续煮10分钟。

7. 撒入芹菜、油菜。

8. 加入盐调味，滴入香油即可。

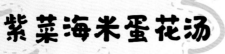

海 里 的 营 养 餐

紫菜海米蛋花汤

15分钟

简单

功效:
补铁、补钙、益智

主要营养素:
钙、蛋白质、维生素、膳食纤维

特色 紫菜是海中的藻类食物,碘含量非常高,此外,紫菜含的铁和维生素 B_{12} 也很丰富,它们都是造血所必需的营养素。海米含钙丰富,和紫菜配合相得益彰,对预防孩子缺铁性贫血有一定作用。

用料

紫菜.....................15g

海米.....................适量

鸡蛋.....................1个

小油菜.................2棵

葱.........................5g

姜.........................5g

食用油.................10ml

香油.....................1ml

盐.........................2g

做法

1. 鸡蛋打散成蛋液。葱洗净，切末。姜去皮，切丝。小油菜洗净，切丝。

2. 铁锅里放油烧热，放入海米炒至微黄，放入葱、姜炒出香味。

3. 加入两碗清水后用大火烧开，放入紫菜，加入盐调味。

4. 顺着锅转圈倒入蛋液，大火煮开，放入油菜丝，淋入香油即可。

蛋 白 质 之 王

银鱼蛋羹

功效：
补充蛋白质

主要营养素：
钙、蛋白质、氨基酸

20 分钟

简单

特色　银鱼是一种高蛋白、低脂肪的淡水鱼，其氨基酸含量也相当高。它体型细小，肉质鲜嫩，基本没有大鱼刺，非常适宜孩子食用。

用料

鸡蛋.....................3 个
新鲜银鱼...........50g
盐.........................2g
香油.....................1ml

★ ★ 早餐小心思 ★ ★

银鱼体形较小，清洗的方式以在流水下冲洗为主，用手轻轻搅拌让脏东西沉淀。

新鲜银鱼清洗后直接使用即可。干银鱼最好提前浸泡一晚。

蒸蛋羹时，最好给碗加个盖，可以使蛋液自上而下受热均匀，可避免表面已呈蜂窝状而底层还没熟的情况。

营养贴士

蒸蛋质地细嫩，易于孩子消化吸收。

做法

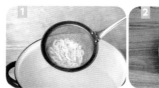 

1. 银鱼提前冲洗三四次，然后放入开水中余烫熟。
2. 鸡蛋加盐打散，慢慢加入 100ml 60℃以下的温水，边加边搅拌。

3. 鸡蛋盖上盖子，放入水开的蒸锅中，大火蒸 5 分钟至半凝固状态。
4. 银鱼放入鸡蛋中，继续大火蒸 5 分钟关火，淋入香油即可。

传承千年的补钙圣品

豆腐暖汤

功效：
补钙

主要营养素：
维生素、蛋白质、钙

25分钟

简单

特色 中国是大豆的故乡，也是最早研发、生产豆制品的国家，用各种豆类创制了许多影响深远、广为流传的豆制品。大豆在加工成豆腐后，增加了钙、镁等无机盐的含量，特别适合孩子食用。

用料

嫩豆腐..............200g
牛肉丝..............50g
西红柿..............100g
小油菜..............2棵
香葱..................2棵
盐........................2g
淀粉....................5g
食用油..............适量

★ ★ 早餐小心思 ★ ★

西红柿可以用叉子插在蒂部放在火上烤几秒钟，或在顶部用刀划十字放入水中焯烫后去皮。

牛肉加少许盐、水、淀粉搅拌均匀，腌制后入汤，口感更滑嫩，适合孩子食用。

营养贴士

· 豆腐含多种孩子成长所需的营养，容易让孩子消化吸收。一碗豆腐浓汤，能满足孩子上午活动所需营养和水。
· 尽量选小牛身上最嫩的里脊肉，肌肉纤维细，切丝或者切末，更易被孩子消化吸收。

做法

1. 西红柿洗净去皮，切小块。豆腐切小块。香葱洗净，切成葱花。小油菜洗净。

2. 牛肉丝加少许盐和淀粉，再加一勺水抓匀腌制 10 分钟。

3. 锅中放油烧热，放入西红柿炒出汁水，倒入清水大火煮开后继续煮 5 分钟。

4. 牛肉丝下锅后迅速打散，加入剩余盐调味。

5. 再次煮开后加入豆腐和油菜。

6. 继续煮 3 分钟，撒上葱花即可。

海带胡萝卜味噌汤

25分钟

简单

功效:
补充纤维

主要营养素:
膳食纤维、钾、碘

特色 味噌是日本最受欢迎的调味料，既可以做汤，又能与肉类烹煮成菜，还能做火锅的汤底。由于海带胡萝卜味噌汤含有丰富的蛋白质、氨基酸和膳食纤维，常喝对健康有利，天气转凉时喝还可暖身暖胃。

用料

鲜海带..............200g

胡萝卜..............200g

小油菜..............2棵

蘑菇..............2朵

味噌酱..............20g

味噌酱含盐，不需要额外加盐。

如果使用干海带，需要将其提前浸泡4小时以上，取出后擦洗表面的盐分和杂质后再使用。

营养贴士

· 最好选择幼嫩的鲜海带，肉薄，香糯爽口，味道鲜美而且容易炖软，很适合孩子的肠胃。

· 海带含碘丰富，碘是人体的必需微量元素之一，能够"聪明"地调节蛋白质的合成和分解，维护人体正常的代谢与吸收，促进孩子生长发育。

做法

1. 将鲜海带冲洗干净，切成小段。

2. 胡萝卜洗净去皮，切成小块，和海带一起放入汤锅内。

3. 蘑菇洗净，撕成小条。小油菜掰开洗净，切段备用。

4. 海带和胡萝卜煮熟后，将蘑菇放入汤锅，继续煮5分钟。

5. 放入味噌酱熬化，继续煮5分钟入味。

6. 出锅前放入小油菜烫熟即可关火。

补铁补血靓汤

猪肝菠菜汤

20分钟

中级

功效：

补血、护眼

主要营养素：

维生素、铁、钾、磷

（不含浸泡时间）

特色 广东人爱煲汤，猪肝菠菜汤便是广东的一道传统名汤。猪肝和菠菜富含维生素A、维生素B_2、铁和钾，两者一荤一素煮汤食用，除了有补肝、明目和补血的作用，还有辅助治疗贫血、口角炎和夜盲症的功效。

用料

猪肝..................100g

菠菜..................100g

姜......................20g

盐........................2g

食用油..............10ml

猪肝是猪体内最大的解毒器官，使用前需要仔细处理，放入清水中浸泡，然后在流动的水下冲洗，这样可以有效清除残血。

猪肝的腥味重，可以放入开水中汆烫去除异味，汆烫后再下锅煮成的汤也会更清亮。

猪肝久煮容易变老，汆烫和煮的时间不宜过长，因此要等水开后再下入猪肝，这样煮出的猪肝不老不柴。

🍴 营养贴士

猪肝含有丰富的铁、磷，它是补血的好食材，另外它含有的蛋白质、卵磷脂和维生素A，有利于孩子的智力发育和视力发育。

做法

1. 将猪肝放入清水中，浸泡15分钟，泡出血水后在流动的水下冲洗干净。

2. 冲洗干净的猪肝，用刀切成薄片。姜去皮切丝。

3. 煮一锅水，将切好的猪肝片放入开水中汆烫至猪肝变白色，迅速捞起沥干水待用。

4. 菠菜去除根部，洗净后从中间切半。

5. 锅内放油烧热，煸香姜丝，倒入1碗清水，加入盐后大火煮开。

6. 放入菠菜后等再次煮开，倒入猪肝片再次煮开锅，放温后给孩子食用即可。

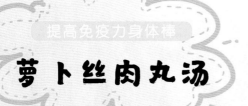

萝卜丝肉丸汤

提高免疫力身体棒

功效：
增强免疫力、补充纤维

25分钟

主要营养素：
膳食纤维、蛋白质、钙

简单

特色

"冬吃萝卜夏吃姜，不用大夫开药方。"自古以来人们就肯定萝卜的营养价值了。萝卜中的芥子油和膳食纤维可促进胃肠蠕动，有助于体内废物的排出，同时所含的多种营养成分还能增强人体的免疫力。

用料

猪肉馅..............100g

白萝卜..............200g

鸡蛋..................1个

香葱..................1棵

盐......................2g

香油..................少许

食用油..............适量

★ ★ 早餐小心思 ★ ★

用清水煮出的萝卜丝肉丸汤较为清爽不油腻；如用鸡汤或者其他高汤代替清水，汤味会更鲜更浓，可以根据喜好调整。

借助工具刮出的萝卜丝粗细比较均匀，如果刀工好也可以用刀切。

🍴 营养贴士

白萝卜含芥子油、淀粉酶和膳食纤维，放入汤里给孩子吃，可以消食，缓解因为腹胀积食导致的食欲不振，加快胃肠蠕动，防止便秘。

做法

1. 猪肉馅放入盆中，加入适量的盐、鸡蛋，拿筷子顺着一个方向搅拌至黏稠上劲。

2. 白萝卜洗净去皮，切细丝。香葱洗净，切成葱花。

3. 锅内放少许食用油烧热，放入萝卜丝煸炒软。

4. 汤锅内倒入一碗清水烧开，将炒好的萝卜丝放入汤锅中继续煮沸。

5. 猪肉馅用小勺子挖出一个个小球放入锅内，中小火煮至浮起后继续煮5分钟。

6. 加入剩余盐和香油，撒上葱花即可食用。

低脂健康高蛋白

白萝卜牛腩汤

⏰ 35分钟

🔍 简单

（不含煲汤时间）

功效：
补锌、补血

主要营养素：
锌、蛋白质、维生素

特色 牛腩一般是指取自牛肋处的去骨条状肉，瘦肉较多，脂肪较少，筋也较少，非常适合炖汤。除此之外，牛腩还能提供高质量的蛋白质，并且含有较多种类的氨基酸，和白萝卜一起煲汤，特别适合成长中的孩子食用。

用料

牛腩..................200g
白萝卜..............200g
葱段..................10g
姜片..................10g
盐.......................2g

★ ★ 早餐小心思 ★ ★

加碘的食盐加热时间长了会产生苦味，而且影响碘的吸收，同时盐煮久了会与肉类发生反应，影响口感，所以要最后加。

营养贴士

·白萝卜含芥子油、淀粉酶和膳食纤维，放入汤里给孩子吃，有消食的功效，可以缓解因为腹胀积食导致的食欲不振，而且可以加快胃肠蠕动，防止便秘。

·牛腩不仅蛋白质和锌含量高，而且含有人体所需的较多种类的氨基酸，可以很好地给孩子提供能量，提升孩子的免疫力。

做法

1. 将牛腩洗净，切成大小均匀、5厘米见方的块。
2. 牛腩冷水下锅，大火烧开继续煮5分钟，去血沫，然后捞出冲洗干净。

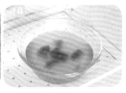

3. 电饭煲加入一锅水，放入葱段、姜片。重新放入牛腩开启煲汤功能。
4. 汤熟后放凉，可以分份冷冻保存。用的时候提前一晚放入冰箱冷藏解冻。

5. 第二天将白萝卜洗净，切成孩子适口的滚刀块。
6. 把切好的萝卜块和做好的牛腩汤放入锅中，加盐继续焖煮10分钟左右即可，放温后给孩子食用。

补钙利尿好消化

冬瓜虾皮汤

30分钟

简单

功效：
补钙、祛湿

主要营养素：
钙、铁、磷

特色 虾皮是有名的"钙之王"，每100克虾皮钙含量约为991毫克。
除了含铁、钙、磷外，虾皮中含有的碘也很丰富，所以虾皮
是菜肴中常见的海鲜调味品。冬瓜肉及瓤有利尿、清热、化痰、
解渴等功效，与虾皮一起做汤可以达到"1+1 > 2"的效果。

用料

冬瓜.................300g

虾皮..................5g

盐......................2g

香油..................1ml

香葱..................1棵

姜......................10g

食用油............少许

做法

1. 冬瓜洗净，去皮切薄片。

2. 虾皮用水冲洗一下，然后控干备用。

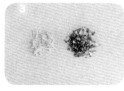 

3. 香葱洗净，切成葱花。姜去皮洗净，切丝。

4. 锅中放少许油烧热，放姜丝爆香，随后放虾皮，炒至变色。

5. 放入冬瓜一起拌炒至冬瓜四周微微透明。

6. 加入一碗清水，大火煮开。

7. 加入盐，等冬瓜煮至软熟之后关火。

8. 出锅前淋上香油，撒上葱花即可。

酸甜开胃早餐汤

西红柿豆芽汤

功效：
补钙

20分钟

主要营养素：
维生素、蛋白质、钙

简单

特色 用酸甜开胃的西红柿豆芽汤，开启全新的一天。除了西红柿和豆芽，蟹味菇、豆腐的加入也会让汤增色不少，鲜、滑、爽、嫩，易于消化。孩子早餐吃一碗，一上午都暖洋洋的。

用料

西红柿..............200g

蟹味菇..............100g

黄豆芽..............100g

南豆腐..............200g

食用油..............10ml

蒜......................2 瓣

盐.........................2g

★ ★ 早餐小心思 ★ ★

豆腐有南北之分，南豆腐用石膏点制，因凝固的豆腐花含水量较高而质地细嫩；北豆腐多用卤水或酸浆点制，质地较南豆腐老而韧，适合煎炒。

营养贴士

条件允许的情况下，可以自己制作黄豆芽。观察豆芽的发芽时间，选择在维生素含量最高的时候食用。黄豆芽在 4～12 天时维生素 C 含量最高。如果每天用日光照射 2 小时，含量还可增加一倍。

做法

1. 将黄豆芽、蟹味菇洗净沥干。蒜去皮，洗净切片。

2. 西红柿洗净，在表面划十字，焯烫去皮。西红柿、豆腐分别切成小块。

3. 锅中放油烧热，放入蒜片煸炒后，放入西红柿块炒出汁。

4. 放入蟹味菇炒软后，倒入一碗清水煮开。

5. 放入豆腐、黄豆芽，加盐调味。

6. 再次煮开后继续煮 2 分钟，盛出放温后给孩子食用即可。

谷香四溢的补钙靓汤

玉米排骨汤

⏰ 20分钟

🔍 简单

（不含提前准备时间）

功效：
补钙

主要营养素：
钙、膳食纤维、维生素

特色 排骨新鲜可口，是常见的家庭汤品，不仅含有蛋白质、脂肪、维生素，而且还含有钙、骨胶原等，可为孩子提供钙质。和玉米一起煲汤，去油解腻，给汤增加一份谷物的香气。

用料

排骨.................200g

甜玉米..............1根

红枣.................5颗

枸杞.................5颗

胡萝卜.............200g

生姜.................10g

盐........................2g

白醋.................1ml

营养贴士

· 猪排骨除含蛋白质、脂肪、维生素外，还含有大量磷酸钙、骨胶原等，可为孩子提供钙质。

· 排骨汤里放适量的醋，能使骨头里的磷、钙溶解到汤内，被人体充分利用，营养价值更高。

前一晚准备

1. 姜洗净，切片。红枣洗净，去核。枸杞洗净，备用。

2. 将排骨清洗干净，和姜片、红枣、枸杞一起下锅，加入凉水，放入白醋。

3. 开启饭煲汤功能，水开后，去除血沫，继续将排骨汤炖煮熟。

4. 排骨汤凉凉后，分份放入冰箱冷冻备用。用前提前一晚在冰箱冷藏解冻。

做法

1. 炖锅中放入解冻好的排骨汤，加入洗净切块的玉米和胡萝卜继续炖煮10分钟左右。

2. 出锅前加入盐调味。盛出放温即可给孩子食用。

润肺补钙的靓汤

银耳雪梨汤

功效：
补钙、止咳清肺

主要营养素：
维生素 D、钙、氨基酸

45分钟

简单

（不含浸泡时间）

特色 这一款汤适合节假日制作。银耳富含维生素 D，能够有效促进钙质的吸收，同时提供孩子成长所需的氨基酸、矿物质。银耳中的钙的含量也很高，对生长发育十分有益。梨具有生津润燥、清热化痰的功效，特别适合秋冬季节食用。

用料

干银耳.................30g

雪梨.................200g

红枣.....................5 颗

干百合................10g

做法

1. 提前一晚将干银耳和干百合用清水浸泡，放
   入冰箱冷藏一晚。

2. 第二天，将泡发好的的银耳剪去根部，撕成
   小朵。

3. 雪梨洗净去皮切小块。红枣洗净去核。

4. 在锅中加入足量的水，大火烧开后加入银耳、
   百合、红枣，转中小火煮 20 分钟。

5. 放入梨块，继续煮 10 分钟然后关火。

6. 盖上锅盖，闷 10 分钟，盛出放温即可给孩
   子食用。

多汁多彩的营养果蔬汁

　　经过一晚睡眠，人体会消耗大量的水分和营养。所以，早餐作为孩子起床后的第一顿饭，如果能够及时补充水和营养，会为一整天的精气神加分。

　　我们知道，水果、蔬菜是重要的维生素来源；豆类含有优质而丰富的植物蛋白质和人体所必需的氨基酸；坚果则有健脑益智、保护心脑血管等的重要作用；巧妙的食材搭配甚至会起到辅助治疗疾病的效果。在这个章节，我们为孩子们准备了调理身体的功能水、提供维生素的果蔬汁以及富含植物蛋白的豆浆，利用这些饮品代替不健康的饮料，充分利用这些对儿童有益的食材，达到提供营养和水、刺激食欲、促进肠道蠕动以及维持体内营养平衡的目的。

润 肺 止 咳

麦冬百合梨水

用料

雪花梨.............1个
干百合.............10g
麦冬.............10g
枸杞.............适量
麦芽糖.............适量

功效：
润肺止咳

15分钟

主要营养素：
蛋白质、膳食纤维

简单

（不含浸泡和炖煮时间）

★ ★ 早餐小心思 ★ ★

制作时直接用电炖锅或电饭煲煲汤功能比较方便。所有材料洗干净，锅中加水，再把材料放入，按功能键即可。

一般不要给孩子长期喝纯净水，纯净水把人体所需矿物质都过滤了，孩子无法吸收所需矿物质。

特色

百合与麦冬都是公认的润肺好食材。梨止咳化痰，和几种食材放在一起煮成汤水，外能止咳，内能滋养脾肺，最适合辅助治疗秋冬季节干燥引起的上火和咳嗽。秋冬季节的早晨，给孩子准备一杯清甜的热饮，很贴心。

做法

1. 干百合洗净浸泡，提前一晚放入冰箱冷藏。
2. 第二天，将枸杞用清水洗净。雪花梨洗净去皮，去核切成小块。

3. 将所有食材放入电炖锅，加入1200ml清水炖煮半小时。
4. 根据孩子口味加入适量麦芽糖调味，放温即可食用。

营养贴士

· 梨可以选择适合煮水的雪花梨或者丰水梨，润肺止咳的效果最佳。

· 这款饮品对感冒、发烧等有缓解作用，但每次饮用不要超过200ml。

胡萝卜薄荷水

用料

胡萝卜............1/2 根
薄荷叶.................5g

功效：
清热健胃

主要营养素：
维生素、胡萝卜素

10分钟

简单

⭐ 早餐小心思 ⭐

胡萝卜可不去皮，表皮清洗干净即可。

如果没有新鲜薄荷，可以在药店买一些干薄荷叶，烹煮的时间适当延长几分钟即可。

🍴 营养贴士

薄荷水有健胃的功能，可以化解暑气，有醒脑清热的功效，比较适合夏天喝。鲜薄荷叶比较适合用开水浸泡饮用。

特色

薄荷的适应性极强，是十分适合家庭种植的植物。它不仅可以作为冰饮、菜肴中的点缀，而且对着凉引起的感冒、发烧、头疼等症状能够起到缓解作用。日常的茶饮中放入薄荷，也有清心明目的功效。

做法

1. 胡萝卜洗净，切片。
2. 薄荷用清水洗去浮尘，沥干水。

3. 胡萝卜放入锅里，加入没过胡萝卜的清水。
4. 大火煮开转小火煮 5 分钟后，放入薄荷后关火，放温到 40℃即可饮用。

发汗助消食

紫苏陈皮水

用料

紫苏叶..............20g
陈皮..............20g

功效：
治疗寒性感冒和咳嗽、发汗驱寒

15分钟

简单

主要营养素：
膳食纤维、胡萝卜素

★ ★ 早餐小心思 ★ ★

可以买些紫苏种子，自己在花盆里种植，也可以在药店购买干紫苏叶。

一般来说，五年制陈皮功效比较好。

特色

香草植物除了提供独特而丰富的香气外，其药用价值也早已经被证实。紫苏已经有2000年的种植历史，在中国人的饮食中很常见。

营养贴士

紫苏能解表散寒，可以治疗初期的寒性感冒。一般感冒初期，连喝三天就可以缓解。陈皮水有治疗孩子咳嗽的功效。孩子感冒咳嗽期间忌甜食。

做法

1. 紫苏叶用清水洗去浮尘。
2. 陈皮、紫苏放入炖锅。

3. 加入清水，大火煮开转小火煮5分钟即可。
4. 过滤掉残渣，放温到40℃即可饮用。

找回孩子精气神

神奇三豆饮

用料

黄豆..................25g

绿豆..................25g

黑豆..................25g

功效：

治疗热性感冒、清热退烧

10分钟

简单

主要营养素：

蛋白质

（不含煲制时间）

早餐小心思

为节省时间，可以提前一晚将豆子洗净，用水泡上，放入冰箱，第二天直接煲煮。也可以用电饭煲预约煲汤键提前预约，第二天一早就可以喝到三豆饮了。

特色

相传三豆饮是扁鹊留下的，在中国已经流传了几千年。原方具有保养肌肤的功效，扁鹊曾经用它治好了很多痘疮患者。现在的三豆饮配方经过改良，有治疗孩子热性感冒的功效，夏天给孩子代替饮料喝，对身体非常有益。

营养贴士

三豆饮可以辅助治疗热性感冒，可以缓解孩子发烧的症状。在气温变化较大的春夏季节，可以当作日常饮料给孩子喝。必须当日煮当日喝，不能隔夜，隔夜以后功效就会差很多。

做法

1. 黄豆、黑豆、绿豆均用清水淘洗干净。

2. 往电饭锅里加入 1200ml 水，放入洗好的豆子。

3. 按电饭煲煲汤键，煲煮 1 个小时左右。

4. 煲好后取出三豆水，放温至 40℃后即可给孩子饮用。

健胃消食，化痰止咳

萝卜皮水

1 cup of *gratitude*

用料

白萝卜.................400g
麦芽糖（选用）.....适量

25 分钟
简单

功效：
健胃消食、增进食欲、化痰止咳

主要营养素：
淀粉酶、芥子油、膳食纤维

★ ★ 早餐小心思 ★ ★

萝卜不去皮，用刷子刷洗净即可。有些孩子不喜欢萝卜水的味道，可以加些麦芽糖调味。

营养贴士

萝卜皮里包含着萝卜的大部分营养，可以拿萝卜皮和萝卜须子煮水，功效会更好。喝萝卜皮水可以增强孩子的食欲，消食健胃，提高孩子的免疫力。

特色

白萝卜是我们生活中最常见的蔬菜。古有谚语"冬吃萝卜夏吃姜，一年四季保安康"，还说"冬日萝卜赛人参"，都说明吃萝卜有益处。有些人在吃白萝卜的时候喜欢把萝卜皮削掉，其实研究表明，白萝卜中所含的营养 90% 在萝卜皮内，所以白萝卜最好带皮吃。

做法

1. 白萝卜洗净不削皮，切成片。
2. 萝卜片放入炖锅，加入 1200ml 清水。

3. 大火煮开后改小火继续煮 20 分钟。
4. 熬好的萝卜水放温至 40℃左右即可饮用，喜甜的孩子可以放少许麦芽糖调味。

孩子开胃吃饭香

山楂麦芽糖水

功效：

消食健胃、增进食欲

主要营养素：

维生素 C、钙

20 分钟

简单

用料

干山楂片............15g

麦芽糖 ....适量

✦ ✦ **早餐小心思** ✦ ✦

山楂上市的季节可以使用新鲜
山楂，去核后熬煮这款饮品。
有些孩子不喜欢喝太酸的，可
以加少许麦芽糖调味。用电炖
锅煮山楂水会非常方便。

🍴 **营养贴士**

山楂开胃消食，特别对孩子
食肉造成的积食作用更大。
本品建议一天饮1~2杯，即
200~400ml 即可。大量饮用会
引起胃酸。

特色

每100克鲜山楂果肉中，含维生素 C 89 毫克，
含钙85 毫克。山楂中两种营养素的含量在鲜
水果中均名列前茅。山楂中的烟酸还能促进
人体消化液的分泌，增进食欲，帮助消化。

做法

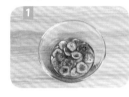

1．干山楂片用清水洗去浮尘。

2．山楂片和 1200ml 清水放入炖锅中。

3．大火煮开，转小火继续熬煮 15 分钟即可。

4．大部分山楂片捞出不用。山楂水放温至
　　40℃左右，加入适量麦芽糖调味即可。

☽ 197

国民消食好茶汤

酸梅汤

用料

山楂	10g
乌梅	1颗
陈皮	10g
洛神花	3朵
甘草	5g
麦芽糖	适量

10分钟

简单

（不含熬制时间）

功效：
消食健胃、增进食欲

主要营养素：
维生素 C

特色

酸梅汤是北京传统的消暑饮品，其中的乌梅、山楂、陈皮能消油解腻、开胃健脾，酸甜的口感也特别受孩子喜爱。日常喝一杯酸梅汤不仅可以去油解腻，还可以健脾开胃、提神醒脑、祛病强身，是炎热夏季不可多得的保健饮品。

做法

1. 乌梅、干山楂片、洛神花、陈皮用清水洗去浮尘。
2. 所有材料一起倒进炖锅，加入 1500ml 清水。

3. 大火煮开后，转小火慢熬半小时即可。
4. 起锅后过滤掉原料，取汁放温后，加入麦芽糖调味即可饮用。

★ ★ 早餐小心思 ★ ★

酸梅汤可以提前做好放入冰箱冷藏，给孩子喝前进行适当回温。

🍴🍴 营养贴士

酸梅汤健脾开胃，有促进食欲、助消化的功效。根据年龄将饮用量控制在一天 200～400 ml 即可。大量饮用会引起胃酸。

小米红枣饮

用料

红枣..................6 颗
小米..................80g

功效：
消食养胃、补充维生素

主要营养素：
蛋白质、多种维生素

10 分钟

简单

（不含浸泡和熬制时间）

早餐小心思

小米和红枣可以提前一晚放入有预约功能的电炖锅内制作，早上起床即可食用。

熬小米粥千万不可以用高压锅，小米颗粒会堵塞气孔，引起爆炸。

早上电炖锅里熬煮着粥，电炖锅蒸屉里蒸着速冻包子，或者解冻的炖肉等食物，这样合理利用时间，可使早餐准备起来更从容。

特色

小米营养价值丰富，有"代参汤"的美称，其中的维生素B_1含量可达大米的数倍，常吃小米有清热解渴、健胃除湿、和胃安眠等功效，所以人们常说小米"养人"。而红枣作为"百果之王"，具有益气补血的功效，长期饮用小米红枣汤能让孩子脸色红润。

营养贴士

小米的营养非常丰富，具有温润肠胃、补充精力的作用。小米还含有丰富的膳食纤维，可以为孩子补充膳食纤维和维生素，促进孩子的消化吸收。

做法

1. 小米用清水淘洗干净。
2. 红枣用温水提前浸泡，去掉枣核并清洗干净。

3. 砂锅里一次加入 1200ml 清水，下入小米和处理好的红枣。
4. 水开后，小火熬煮 45 分钟左右，可把小米、红枣的营养充分熬煮出来，待粥凉凉即可食用。

营养更全面

胡萝卜花生豆浆

用料

胡萝卜............200g

花生................20g

黄豆................30g

★ ★ **早餐小心思** ★ ★

豆浆机一般都有加工干豆、湿豆的功能，但将豆子提前浸泡后制作出的豆浆口感更顺滑、细腻。

花生在浸泡过程中容易"脱色"，所以洗净后加少量水浸泡，制作豆浆时将花生及泡花生的水一起倒入豆浆机内制浆即可。

🍴 **营养贴士**

花生最好选红皮的，红皮花生外面那层薄薄的红衣有补血的功效，长期食用能让孩子气色更好。

功效：

20分钟

简单

补充蛋白质、维生素

主要营养素：

植物蛋白、B 族维生素

（不含浸泡时间）

特色

花生价格亲民但营养价值很高，果实含有蛋白质、维生素、钙、磷、铁等营养成分，包含多种人体所需的氨基酸及不饱和脂肪酸，有促进人的脑细胞发育、增强记忆力的作用。

做法

1. 黄豆和花生提前一晚用清水浸泡，放入冰箱冷藏。

2. 将胡萝卜刨皮，洗净，切小丁，和泡好的黄豆、花生一起倒入豆浆机内。

3. 加入适量水，选择"湿豆"或者"果蔬豆浆"程序。

4. 一般 15 分钟左右，豆浆就煮好了，倒进滤杯滤出豆渣放温即可饮用。

核桃莲子燕麦豆浆

用料

黄豆.................... 30g
核桃.................... 2 个
莲子.................... 10g
燕麦米............... 20g

20 分钟

简单

（不含浸泡时间）

功效：
补充微量元素

主要营养素：
B 族维生素、钙、膳食纤维

★ ★ ★ 早餐小心思 ★ ★ ★

免过滤豆浆机制作完豆浆后出
的豆渣可选择不过滤，营养更
全面。可以根据孩子口感喜好
适当调整。

特色

核桃仁形状就像人的大脑内部的褶皱构造，
中国人有"以形补形"的传统，认为吃核桃
就能补脑。核桃仁也的确含有人体必需的多
种微量元素、矿物质及维生素，对孩子身体
发育和脑部发育有很多益处。

🍴 营养贴士

核桃等坚果要使用未经加工
的原味的，过度加工会使坚
果营养流失。

做法

1. 黄豆、莲子和燕麦米提前一晚用清水浸泡，
   放入冰箱冷藏。
2. 核桃去壳，取核桃仁。

3. 核桃仁和浸泡后的食材放入豆浆机内，加
   入适量水，点击选择"湿豆"程序制作豆浆。
4. 将豆浆倒进滤杯滤出豆渣，放温即可饮用。

润 肠 通 便

燕麦薏米芝麻豆浆

用料

燕麦.....................15g

黄豆.....................30g

薏米.....................15g

黑芝麻.................5g

20分钟

简单

（不含浸泡时间）

功效：

促进肠道健康

主要营养素：

粗蛋白质、维生素 B_1、维生素 E、膳食纤维

★★ 早餐小心思 ★★

很多豆浆机设置了"干豆"键，所以没有及时浸泡黄豆也可以制作。但从营养口感和机器保养等方面来说，条件允许的情况下将硬质的食材提前浸泡为佳。

特色

"将毒素排出去"对健康至关重要。每日定时排便，有意识地给孩子建立良好的排便规律，直至形成条件反射。我们在早餐中增加富含膳食纤维、有润肠效果的食物的量，能够帮助孩子养成良好的排便习惯。

营养贴士

燕麦应使用颗粒状的燕麦米，而非经过压制的燕麦片。燕麦米更好地保存了人体所需的膳食纤维和其他营养素。

做法

1. 提前一晚将燕麦、黄豆、薏米用清水洗去浮尘，加适量水浸泡后放入冰箱冷藏。
2. 浸泡好的食材沥干后和黑芝麻一起放入豆浆机内，加入适量清水。

3. 开启制作豆浆程序。
4. 将做好的豆浆倒进滤杯滤出豆渣，放温即可饮用。

祛湿滋补精神好

山药茯苓豆浆

用料

铁棍山药..........100g
茯苓.................. 20 g
黄豆.................. 30g

★ ★ 早餐小心思 ★ ★

给山药削皮的时候需要戴上手套，防止山药液体造成手部皮肤瘙痒。

营养贴士

铁棍山药属于药食两用的食材，补脾效果更好一些。

功效：
健脾、祛湿

主要营养素：
氨基酸、多种微量元素

20 分钟

简单

（不含浸泡时间）

特色

多余的水滞留在体内就形成了湿气，体内湿气过重容易让人打不起精神、手脚冰冷、没有食欲，甚至会导致很多疾病。湿邪不去，吃再多的补品、药品，身体都不能较好地吸收。山药补脾，能够间接帮助身体排出湿气，而茯苓的祛湿效果也很显著，二者结合对体内有湿气的人大有裨益。

做法

1. 提前一晚将黄豆用清水洗去浮尘，用适量水浸泡后放入冰箱冷藏。
2. 将铁棍山药洗净，去皮后切滚刀块。

3. 将浸泡好的黄豆和山药块、茯苓一起放入豆浆机，加入适量清水，开启制作豆浆程序。
4. 将煮好的豆浆倒进滤杯滤出豆渣，放温即可饮用。

营养均衡，给你好颜色

花生豆奶

用料

鲜牛奶.......... 500ml
花生.............. 20g
黄豆.............. 30g

营养贴士

花生最好选红皮的，红皮花生外面那层薄薄的红衣有助于补血、止血，长期食用让孩子气色好。

功效：
补钙

20分钟

简单

主要营养素：
钙、蛋白质

（不含浸泡时间）

特色

豆浆和牛奶在一定程度上反映了东西方饮食文化对补钙的共同追求。一个来自植物，一个来自动物，营养成分相似，但又互为补充；按一定的比例将豆浆与牛奶搭配饮用，使营养结构更均衡。

做法

1. 花生和黄豆用清水冲洗干净，加水后放冰箱浸泡一晚。
2. 将浸泡好的黄豆和花生均沥干，放入豆浆机。

3. 豆浆机中缓缓倒入鲜牛奶。
4. 开启制作豆浆程序，完成后放温即可给孩子饮用。

止泻消食，润肺安神

莲藕百合豆浆

用料

黄豆......................30g

莲藕......................40g

干百合..................20g

20分钟

简单

（不含浸泡时间）

功效：

消食

主要营养素：

蛋白质、膳食纤维、钙、铁

★ ★ **早餐小心思** ★ ★

莲藕富含淀粉，用量不宜太多，以防糊底。莲藕切口容易变黑，所以要随用随切，切过的莲藕要在切口处覆以保鲜膜，放入冰箱冷藏保存。

莲藕属水生植物，挑选时要选择外皮呈黄褐色、无破损、内里肉肥厚而粉嫩洁白者，要选孔内无沙泥污染的。

特色

藕浑身是宝，莲叶可以入药泡茶，莲子可以熬粥，微苦的莲心也具有消暑去腻的效果，藕粉更是各色点心的主食材……

做法

1. 黄豆和干百合均用清水冲洗干净，加水后放冰箱浸泡一晚。

2. 把浸泡好的黄豆和百合沥干，放入豆浆机。

3. 莲藕去皮洗净，切小丁，放入豆浆机。

4. 在豆浆机内加适量水，开启制作程序，完成后放温即可给孩子饮用。

营养贴士

新鲜的莲藕和百合搭配，具有止泻消食、润肺止咳、清心安神的功效。

佛家智慧果

香蕉奶昔

用料

香蕉....................1根
牛奶................200ml

功效:
润肠通便

主要营养素:
钾、蛋白质、钙

5分钟
简单

特色

香蕉味道香甜可口，几乎没有孩子不爱香蕉。香蕉也是佛教中所说的"智慧之果"，传说佛教始祖释迦牟尼由于吃了香蕉而获得了智慧。香蕉微量元素含量非常丰富，其中人体所必需的钾元素，对孩子因为缺钾引发的乏力、厌食有缓解作用。

做法

1. 香蕉去皮，切段。
2. 将香蕉放入料理机中，加入牛奶。

3. 按高速键后搅打 1 分钟。
4. 倒入杯中即可给孩子饮用。

更多维生素，更少患感冒

苹果胡萝卜果汁

用料

胡萝卜..............1根
苹果..................1个

功效：

补充维生素

主要营养素：

维生素C、B族维生素、胡萝卜素

5分钟

简单

★ ★ ★ 早餐小心思 ★ ★ ★

因为苹果容易被氧化，所以一般放在最后榨汁。鲜榨果汁要尽快饮用，半小时内饮用完最佳。

🍴 营养贴士

可以适当保留苹果的果肉，丰富的膳食纤维有助于消食排便。

特色

孩子普遍不爱吃蔬菜，但把蔬菜混进水果里，做成果汁可能会让他们爱上蔬菜的味道。胡萝卜富含胡萝卜素，加入苹果让做成的果汁变得更加可口甘甜，也为其带来丰富的维生素C和矿物质，让孩子在不知不觉中爱上蔬菜。

做法

1. 胡萝卜洗净，去皮切丁。
2. 苹果洗净去皮，去核切丁。

3. 将胡萝卜丁放入榨汁机内，加适量温水榨汁，再加入苹果丁榨汁。
4. 榨好后装杯后即可饮用。

奶香紫薯

用料

紫薯....................50g
牛奶...............200ml

10分钟

简单

功效：

补充膳食纤维

主要营养素：

膳食纤维、花青素、硒

（不含蒸制时间）

★ ★ 早餐小心思 ★ ★

紫薯搭配富含优质蛋白质的食物一同食用，有利于营养被人体全面吸收。

特色

紫薯营养丰富，具有特殊的保健功效，富含维生素A、维生素C，所含的蛋白质和氨基酸都极易被人体消化吸收。花青素是天然强效自由基清除剂，紫薯中花青素含量也很丰富，具有抗癌、防癌功效。紫薯还富含膳食纤维，能够起到促进排便的作用，所以紫薯被称为"超级蔬菜"。

营养贴士

紫薯要加工熟透后再食用，因为淀粉粒不经高温破坏难以被消化，会给孩子的胃造成负担。

做法

1. 紫薯洗净，去皮，切小滚刀块。
2. 用蒸锅把紫薯隔水蒸熟。

3. 将蒸熟的紫薯同牛奶一起放入料理机。
4. 高速搅打1分钟，倒出装杯即可给孩子食用。

补钙好帮手

苹果核桃露

用料

核桃...................2个
苹果...................1个
大米...................20g
水.....................200ml

★ ★ 早餐小心思 ★ ★

核桃等坚果类要选用未经加工的产品，过度加工会使坚果营养流失。

🍴 营养贴士

食材用豆浆机打好后可以不用过滤，让苹果保留果肉中的膳食纤维，这样更有助于消食排便，对腹泻也有一定作用。

20分钟

简单

（不含煮豆浆时间）

功效：
健脑、补钙

主要营养素：
蛋白质、钙、磷、铁、多种维生素

特色

核桃仁含有人体必需的钙、磷、铁以及多种维生素，对孩子身体发育和脑部发育起到重要作用。将核桃与苹果混合榨汁，可为孩子带来独特的风味。

做法

1. 核桃取出核桃仁。
2. 大米用清水淘洗干净。

3. 苹果洗净，去皮，切小块。
4. 洗过的大米、核桃和苹果块一同放入豆浆机中。

5. 加入适量清水没过食材。
6. 选择豆浆机中的"五谷"功能，等到豆浆机结束工作后，倒出豆浆装杯，放温后即可给孩子食用。

肠 道 清 道 夫

牛奶玉米汁

用料

鲜玉米棒...........1根
牛奶..............200ml
杏仁碎.............少许

20 分钟

简单

功效：
促进消化、预防便秘

主要营养素：
蛋白质、胡萝卜素

★ ★ **早餐小心思** ★ ★

玉米要选择甜玉米。糯玉米对孩子来说不容易消化，且在料理机中搅打时不易出浆。

使用坚果碎是防止孩子误食而窒息，所以孩子吃饭的时候千万不要逗孩子笑。

营养贴士

搅拌机处理好食材后不用过滤，这样可以保留玉米的膳食纤维；如果饮用时觉得口感厚重，可以适当增加水或者牛奶的量。

特色

玉米作为全世界总产量最高的农作物，有着"长寿食品"的美誉，含有丰富的蛋白质、多种维生素、微量元素、膳食纤维等。玉米所含的膳食纤维，不仅能刺激肠道蠕动，预防便秘，而且还能加快肠道内毒素的排出，有利于肠道健康。

做法

1. 玉米棒洗净，把玉米粒剥下来，和水一起放入锅中煮熟。
2. 煮熟的玉米粒和适量煮玉米的水一起倒入料理机，再倒入牛奶。

3. 高速搅打1.5分钟。
4. 倒出装杯，表面撒点杏仁碎即可。

火龙果酸奶汁

用料

红心火龙果.....1/2 个
酸奶................250g

★☆★ 早餐小心思 ★☆★

水果从冰箱拿出来后，在室温下回温后再榨汁，这样不伤孩子脾胃。

🍴 营养贴士

建议使用红心火龙果，其含有丰富的花青素。火龙果不宜与牛奶同食，但酸奶是发酵过的，与火龙果同食，不会给人体造成负担。

10分钟

简单

功效：
促进消化、预防便秘

主要营养素：
膳食纤维、多种维生素、花青素

💬 **特色**

火龙果为热带、亚热带水果，因为其外表像一团愤怒的红色火球而得名。火龙果的果肉几乎不含果糖和蔗糖，其所含的糖分以葡萄糖为主，这种天然葡萄糖，更容易被孩子吸收。

做法

1. 红心火龙果洗净，切成两半。
2. 用勺子挖出火龙果的果肉。

3. 将火龙果果肉和酸奶放入料理机搅拌。
4. 倒入杯子中给孩子饮用即可。

鲜橙梨汁

用料

橙子.................2 个
梨.....................1 个

5 分钟

简单

功效:
预防感冒、清肺润肺

主要营养素:
维生素 C、膳食纤维

⭐ 早餐小心思 ⭐

此饮品使用多汁少渣的柳橙比较好。梨选择质地细腻、富含水分的皇冠梨为好。

🍴 营养贴士

· 放在冰箱保存的水果，榨汁前要先从冰箱取出，恢复到室温再进行榨制，避免温度过低刺激孩子肠胃。

· 选择破壁机榨汁，能一定程度上减少在制作过程中的营养流失，更好地保留膳食纤维。

特色

对于不爱喝白开水的孩子来说，味道香甜的果汁能使他们的饮水量增加，满足身体对水的需要。新鲜水果本身含有很多人体所必需的膳食纤维，使用破壁的方式比榨汁能更好地保留膳食纤维。鲜橙和梨的搭配，还能起到预防感冒、清肺润肺的作用。

做法

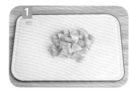

1. 将橙子去皮，切块。
2. 梨洗净，去皮，去核，切块。

3. 将切好的橙子和梨放入料理机中搅拌。
4. 倒入杯内即可饮用。

PART 6

儿童四季营养配餐

　　四季的变换伴随着孩子的成长，早餐也要根据季节时令有所侧重，如春天多注意补钙，夏季防暑降温，秋天润肺降燥，冬天尽可能吃得暖和。但总体来说，一日三餐尽量遵循主食 50%、蔬菜 30%、肉类 10%、水果 10% 的原则来进行合理搭配，尽量满足每天一个鸡蛋，一手心大小的量的坚果，适量豆制品和奶制品，适量菇类、木耳等。尽量吃应季食物，色彩全面，做到营养均衡。

一年之计在于春

　　配餐说明：一年之计在于春。对孩子来说，春天及时补充营养，可以为一年的健康和成长打下良好的基础。补充优质的蛋白质和钙质尤为重要。

1． p.26 西红柿鱼乌冬面 ＋ p.102 草莓可丽饼 ＋ p.210 花生豆奶

2． p.76 花朵紫菜卷 ＋ p.156 菌菇鸡汤 ＋ p.222 牛奶玉米汁

3． p.72 牛油果培根意面 ＋ p.112 紫薯"和果子" ＋ p.178 西红柿豆芽汤

4． p.104 墨西哥鸡肉卷 ＋ p.134 红薯大米粥 ＋ p.226 鲜橙梨汁

5．p.46 三丝卷饼 + p.140 山药薏米芡实粥 + p.206 燕麦薏米芝麻豆浆

6．p.38 玫瑰花抱蛋煎饺 + p.178 西红柿豆芽汤 + p.224 火龙果酸奶汁

7．p.52 蔬菜鸡蛋饼 + p.150 香菇扇骨青菜粥 + p.202 胡萝卜花生豆浆

8．p.54 三丝煎饼 + p.118 蔬菜鸡肉肠 + p.200 小米红枣饮

9．p.108 鲜虾小比萨 + p.122 二米粥 + p.216 苹果胡萝卜果汁

10. p.44 三丁烧卖 + p.88 香蕉吐司卷 + p.208 山药茯苓豆浆

 正是人间七月天

配餐说明：夏天天气燥热，也是孩子家庭和社会活动参与度较高的季节。解暑、提振孩子食欲，及时补充因为大量活动流失的水和微量元素非常重要。

1. p.30 老北京炸酱面 + p.182 银耳雪梨汤 + p.218 奶香紫薯

2. p.24 菠菜手擀面 + p.136 绿豆玉米糁粥 + p.188 胡萝卜薄荷水

3. p.14 四色饭团 + p.180 玉米排骨汤 + p.226 鲜橙梨汁

4. p.84 狗狗卡通儿童便当 + p.146 水果甜粥 + p.212 莲藕百合豆浆

5. p.64 干拌小馄饨 + p.100 香蕉松饼 + p.176 冬瓜虾皮汤

6. p.42 儿童水煎包 + p.128 莲子百合绿豆粥 + p.224 火龙果酸奶汁

7. p.18 亲子烩饭 + p.90 苹果开放三明治 + p.192 神奇三豆饮

8. p.98 "田园比萨"三明治 + p.118 蔬菜鸡肉肠 + p.196 山楂麦芽糖水

9．p.74 章鱼意面 + p.106 香橙华夫饼 + p.198 酸梅汤

10．p.94 土豆滑蛋口袋三明治 + p.66 南瓜"冰"激凌 + p.116 脆谷乐谷物牛奶燕麦

金风玉露相逢时

配餐说明：秋天是收获的季节，各种新鲜的谷物、蔬果上市了。应季的蔬果格外芳香甜美，为开拓孩子味觉、嗅觉提供了食材，为孩子带来新鲜的能量补充。

1．p.16 香菇南瓜炒饭盅 + p.172 萝卜丝肉丸汤 + p.190 紫苏陈皮水

2．p.96 鳕鱼贝果三明治 + p.114 鸡汁土豆泥 + p.148 美龄粥

3. p.48 牛肉馅饼 +p.144 核桃燕麦粥 +p.224 火龙果酸奶汁

4. p.36 干炒牛河 +p.126 南瓜枸杞大米粥 +p.222 牛奶玉米汁

5. p.28 臊子肉炒面 +p.164 银鱼蛋羹 +p.138 山药红薯粥

6. p.86 法式橙味吐司 +p.58 香煎小虾饼 +p.202 胡萝卜花生豆浆

7. p.158 西红柿疙瘩汤 +p.118 蔬菜鸡肉肠 +p.226 鲜橙梨汁

8. p.70 西红柿穿肠意面 + p.164 银鱼蛋羹 + p.154 奶酪南瓜浓汤

9. p.78 蛋包饭 + p.152 鱼片粥 + p.186 麦冬百合梨水

10. p.82 香煎三文鱼糙米饭 + p.170 猪肝菠菜汤 + p.212 莲藕百合豆浆

11. p.92 滑蛋鲜虾三明治 + p.88 香蕉吐司卷 + p.206 燕麦薏米芝麻豆浆

夜来雾浓天欲雪

　　配餐说明：天气冷了，呵护孩子幼小的肠胃。这个时候主食和饮品都以热乎乎的为主，炖煮的温补肉类也可以多多准备，让孩子从内到外温暖过冬。

1. p.32 萝卜焖面 +p.130 腊八粥 +p.224 火龙果酸奶汁

2. p.20 黄金咖喱炒饭 +p.142 白萝卜丝皮蛋瘦肉粥 +p.204 核桃莲子燕麦豆浆

3. p.34 鱼丸粗面 +p.164 银鱼蛋羹 +p.214 香蕉奶昔

4. p.80 咖喱鸡肉饭 +p.132 红枣黑米粥 +p.194 萝卜皮水

5. p.56 鸡蛋米饼 +p.160 牛肉什锦蔬菜汤 +p.214 香蕉奶昔

6. p.60 韭菜盒子 + p.174 白萝卜牛腩汤 + p.186 麦冬百合梨水

7. p.22 新疆手抓饭 + p.162 紫菜海米蛋花汤 + p.220 苹果核桃露

8. p.62 鲜虾小馄饨 + p.40 小兔子奶黄包 + p.124 红豆薏米粥

9. p.50 烧饼夹鸡蛋 + p.166 豆腐暖汤 + p.214 香蕉奶昔

10. p.110 香煎猪排汉堡 + p.168 海带胡萝卜味噌汤 + p.220 苹果核桃露